AI DRIVEN AI で進化する
人類の働き方

AI時代生存聖經

AI時代的我們將如何生活、如何工作？

伊藤穰一 著　　涂紋凰 譯

| INTRODUCTION |

能駕馭 AI 的人，才能在下一波浪潮中站好位置

科技工作講主持人／抹布 Moboo

生成式ＡＩ透過大量使用人類的資料，訓練出能夠讀懂人類問題的人工智慧。有科學家說應該叫做人工智能：因為實際上他並沒有產生真正的智慧，他更像是透過學習大量資料，模仿人類做出回答。但因為ＡＩ能做出推理以及理解，所以人類便有了幻覺，認為ＡＩ可以幫助人類工作，真正的解放人類的生產力。

不過隨著時間過去，各大科技巨頭發現，ＡＩ目前只能解決部分的任務（Task），並不能取代人類的工作（Job）。這是因為他們還不會有創造的能力，也無法知道這個世界需要的東西。人類仍然能定義問題，再利用ＡＩ去幫助他們達到目標。如何善加利用生成式ＡＩ，這便是

《ＡＩ時代生存聖經》這本書最重要的目標。

作者是日本知名的科技學者，點出了生成式ＡＩ在翻譯、摘要、聯想等等方面優異的能力。現在也許多人利用ＡＩ進行程式碼撰寫、圖像生成、大量資訊的整理以及研究，大幅加速現代人的工作效率。但ＡＩ目前也有其侷限，因為他是用機率生成回答，所以也有可能會形成幻覺，還是必須要查詢正確答案做對照。但如果能運用得當，便是很好的助力。

我自己經營科技業工作粉絲團以及Podcast，等於站在產業的第一線，面對ＡＩ浪潮帶來的變化，探討對各行各業的影響，也可能有基礎的事務工作受到影響，甚至裁員。ＡＩ在可見的未來將會進入許多產品，更為易用，更能處理許多繁雜的事務。我們即將面對的是ＡＩ的時代，只有能駕馭的人，才能在下一波浪潮中站好位置。

PREFACE

前言

大多數科技都是逐漸成長的。然而，偶爾會出現一些全球矚目的「魔法瞬間」。科技與一般市民之間的關係，會在這些時刻出現劇烈改變的重要事件或創新。

在網際網路的歷史上，像是 Netscape（一九九〇年代的一間美國公司，從事網際網路相關軟體、網頁瀏覽器的開發和銷售）的瀏覽器誕生，或是 Google 搜尋引擎的出現都是其中一個例子。

對於ＡＩ而言，二〇二二年十一月三十日公開的 ChatGPT 便是其中一個重要的瞬間。支撐 ChatGPT 的大型語言模型（ＬＬＭ：Large Language Model）其實已經存在好幾年；ＡＩ的歷史悠久，自一九五〇年代開始發展，近年來以自動駕駛和語音辨識等形式進入我們的生活。然而，像 ChatGPT 這樣的生成式ＡＩ（能夠根據人類的指令生成文本或圖像等產物的ＡＩ，也稱為生成ＡＩ），使我們能夠使用日常「語言」與精練的ＡＩ系統「對話」，簡直像是魔法一般。

如此一來，所有人都可以像設計ＡＩ系統的程式設計師一樣，直接與ＡＩ互動。

iPhone 內建的 Siri 和 Amazon 提供的 Alexa 等語音識別工具，讓我們與電腦對話；而只需輸入片段詞彙便能自動預測並轉換為句子的假名漢字轉換系統，則讓我們體驗到類似簡單生成式ＡＩ的功能。

然而，ChatGPT 比這些工具更為聰明、更具創造性，甚至讓人感覺像是與真人對話。實際上，有許多人相信「ChatGPT 具有意識」。

ChatGPT 在上線兩個月內，使用者數便突破一億，成為歷史上普及速度最快的消費者應用程式之一。

原始的 ChatGPT 是以ＬＬＭ模型的 GPT-3.5 為基礎，我第一次接觸時，感覺它擁有「聰明小學生」的理解力。

現在的 ChatGPT 則是以 GPT-4 為基底，讓我感覺其智力相當於一個大學生花半天時間在圖書館思考某個問題的程度。

ChatGPT 雖然是「優等生」，但有時也會撒謊。ChatGPT 以非常自信的口吻給出「答案」，其中包含正確資訊和錯誤資訊。

儘管答案中有錯誤，它還是說得頭頭是道，科技業界將這種現象稱為「幻覺」（hallucination），甚至會捏造不存在的資訊。

雖然最新版本的 GPT-4，已經提升了回答的準確度，但這些錯誤仍然是使用 ChatGPT 時的一大障礙。

目前，我們應該將 ChatGPT 視為大幅提高專業人士生產力的工具，而非用來當作重要決策的事實依據。

實際上，ChatGPT 更適合當作 copilot（副駕駛），幫助我們產生創意、撰寫各種文件的初稿，或對文件提出建議，而非當成搜尋引擎來查證事實。

支撐生成式ＡＩ的ＬＬＭ目前正處於「劇烈成長階段」。隨著社會對ＡＩ的關注迅速增加，ＬＬＭ和ＡＩ很可能在未來幾年內對我們的生活產生重大影響。

過去，ＡＩ一直是部分專家或科技愛好者所擁有的「專業知識」，對其他人來說，即使不瞭解ＡＩ，對目前的表現和未來前景也沒有太大影響。然而，未來的情況將有所不同。

該如何應用ＡＩ，提升我們的生產力？只要理解這一點並能實際應用，ＡＩ便不再是「未知的科技」，而是「有能力的助理」、「陪跑者」和「夥伴」。

透過生成式ＡＩ，我們可以瞬間大幅提升繁瑣工作、團隊合作、管理和組織運作的效率。這不僅會對個人的工作方式和生活方式產生影響，還會對公司組織、教育和文化等各個領域產生重大影響。

既然如此，我們應該如何使用生成式ＡＩ？能夠熟練運用生成式ＡＩ的人將大放異彩，這樣的時代已經開始了。

理解ＡＩ是什麼，以及它如何影響你的人生和周圍的世界非常重要。

在本書中，我希望透過實際案例和說明，幫助你與ＡＩ建立關係，展開一段理解ＡＩ的旅程。

除此之外，還會關注ＡＩ發展過程中出現的風險和各種問題，並介紹如何把ＡＩ當作可靠的副駕駛應用。

本書若能幫助你掌握在新時代中生存的素養，學習「AI DRIVEN」的工作和生活方式，並抓住機會大展身手，將會是我身為作者最大的榮幸。

那就讓我們一起踏上探索生成式ＡＩ可能性的旅程吧！

CONTENTS

PROLOGUE

序章

AI DRIVEN 所帶來的世界巨變

CHAPTER 1

工作
扮演「DJ」的角色

工作方式：從每個流程都親自動手，到把雜務交給AI，專注於自己擅長的部分

CHAPTER 2

學習方式
每個人都可以選擇自己需要的學習內容

CHAPTER 3

創新

創造不再是「從零到一」

CHAPTER 4

領導力：「看人的能力」將成為核心能力的時代

團隊建設：從以公司為起點到人人都能運營組織

領導力：從靠魅力引領到靠讀懂上下文獲得人望

CHAPTER 5

在新時代生存的AI素養

PROLOGUE

序章

AI DRIVEN 所帶來的世界巨變

從提供「正確選項」的 AI 到提出「計畫方案」的 AI

生成式 AI 改變世界

什麼是生成式ＡＩ？

人們耗費半個世紀時間研究和開發ＡＩ（人工智慧）。

雖然其技術發展與驚人成果廣受讚譽，但也有一些人將其視為「奪走人類工作」的威脅。你可能也聽過「因ＡＩ而消失的工作和能繼續生存的工作」等主題的討論，或許會有人因此對自己的工作感到莫名擔憂。

「將人工智慧應用於人類社會」的想法，本身並不新奇。我們平時可能不太會去意識到ＡＩ的存在，但應用ＡＩ的服務，早已從各個層面滲透到我們的生活之中。

過去十幾年的ＡＩ發展，簡單來說就是想像未來時，ＡＩ可能成為「威脅」，或是「大幅改變人類的工作和工作方式」，但「現實中它已經是滲透社會的便利工具」。

如今，ＡＩ技術的進化已進入另一個階段。這不再是「比喻」、「近未來的幻想」或「可能性的討論」，而是確實如字面所示正在「改變」人類世界——包含工作、工作方式、組織和社會結構。

話雖如此，這是否成為「威脅」取決於我們自己。對於那些「與ＡＩ競爭的人」或「從事ＡＩ也能完成的工作的人」而言，ＡＩ可能會是「威脅」；但對於那些「善於使用ＡＩ的人」來說，ＡＩ將會是「優秀的助手」、「能夠隨時腦力激盪的盟友」與「可靠的合作夥伴」。

那麼與以往的人工智慧（ＡＩ）相比，最近新出現且以驚人速度崛起的ＡＩ，其最大差異在於「生成式」（Generative）。所謂「生成式」，意即具有「生成力」，也就是說，**它能根據人類的指令，生成「文字」、「圖像」以及「影片」。這就是正在顛覆人類工作及生活各個領域、改變遊戲規則的「生成式ＡＩ」所具備的功能。**第一次目睹文字不斷產出、圖片如潮水般湧現的人，或許會感嘆「如同觀賞魔術表演」或是「宛如科幻電影場景」，可見「生成式ＡＩ」的衝擊力有多麼強大。當我們思索目前最能滿足人類多數需求的功能時，首先想到的便是「搜尋引擎」。只要輸入關鍵字並按下 **Enter**，它便能瞬間列出包含該字詞的網頁清單，這已經是我們生活中不可或缺的功能。

然而，生成式ＡＩ雖然也能像搜尋引擎般使用，但其最大用途並非「搜尋」（稍後我會詳細闡述，生成式ＡＩ確實會大幅改變搜尋的形態）。

生成式ＡＩ在接受人類指令後，會參照已學習的大數據才回覆使用者。在目前的階段，生成式ＡＩ其實是嘗試提出「您需要的應該是這樣的資訊吧？」的「建議」。不像搜尋引擎那樣提供「您需要的資訊就在這些內容中」的「正確選項」。

畢竟只是「建議」，如果人類表示「不對，麻煩改成這樣」，生成式ＡＩ便會調整最初的提案，回應使用者「那這樣呢？」

透過連續的互動，共同雕琢出最終成品。過程彷彿在與另一位人類一起用「不是那樣，也不是這樣」的方式腦力激盪。

生成式AI並非單純提供「正確選項」，而是順應人類的需求提出「建議方案」。也就是說，生成式AI就是讓人類以提案為本，幫助人類「尋找正解的工具」。

∞ 我們能從時間和勞力密集的工作中解脫嗎？

生成式ＡＩ有很多種用途，譬如說「整理」散亂的資訊、「按照格式」生成文本、機械式地「轉換」某些內容、「替換」或「改寫」文字、「收集」特定主題的資料、製作文本或圖像的「草稿」和「初稿」等，這些類型的工作將逐漸從人類的待辦事項中消失。

未來，人類的主要工作將會是以「發想」以及優質的「選項」為基礎，打磨出更卓越的創意點子，而具體呈現發想的「實際執行」將由生成式AI完成。生成式ＡＩ未來會不斷進化並持續普及，人類像過去那樣親自動手的情況將越來越少。

聽到「把生成式ＡＩ當作工具」這句話，有些人可能會覺得這很困難，但事實上並非如此。

生成式ＡＩ最能派上用場的地方有以下三處：

①消除以往日常中那些令人覺得「麻煩」的問題

②提供創意發想的「切入點」

③在「腦力激盪」中，協助打磨創意靈感

為了提高生產力，必要但本身並不具備生產性的「繁瑣作業」，是所有工作中不可避免的一部分。**過去，這些作業需要花費大量時間和勞力親自完成，但現在用生成式ＡＩ就可以瞬間處理這類工作。**

此外，在思考或創造新事物時，以往我們需要自己找到靈感的線索。雖然偶爾會出現少數人擁有豐富的靈感，能不斷湧現新點子，但對大多數人來說，「從無到有地想出某些東西」是一項非常艱難的腦力勞動。

然而，有了生成式ＡＩ之後，我們就可以「先問問ＡＩ」。

ＡＩ給出的答案不一定是「正確的」，但只要ＡＩ提供一些回應，這些回應就能成為我們發想的切入點（刺激），進而拓展思路。獲得某些靈感後，我們可以進一步打磨這些點子。

也就是說，**生成式AI可以作為「靈感的起點」，並成為我們在「腦力激盪」過程中的合作夥伴，這些都是有效的使用方式。**

之前我已經說過，生成式AI只是一種「工具」，如何利用它取決於使用者的需求。

我自己也在不斷嘗試用生成式AI做各種事情，同時觀察他人如何使用，以探索更多用途。

譬如目前備受關注的ChatGPT，只要打開網站就能選擇不同模型，預設的模型是GPT-3.5，任何人都可以免費使用（截至二〇二三年四月二十八日）。我希望拿起這本書的各位都能親自體驗一下，你會對其輸出的精確度感到驚訝。

此外，還可以通過下拉式選單選擇二〇二三年三月發布的最新模型GPT-4（這是付費版本）。GPT-4在二〇二三年二月已經先行整合到Microsoft的搜尋引擎「Bing」（這是免費服務）。若這類搭載GPT-4的新服務逐漸普及，以文本為基礎的語言障礙應該會逐步消除。

大家也可以試著「接觸看看」，這樣就會逐漸發現適合自己的應用方式。為了讓各位能夠掌握大致概念，接下來我將透過我自己實際使用的例子來說明生成式ＡＩ能做到哪些事。

①製作資料：不再需要寫草稿

製作簡報資料、設定會議議程、擬定節目流程表或訪談大綱、起草契約。這些**腦力勞動中，生成式ＡＩ在「創意發想」和「草稿撰寫」方面非常有用。**

首先，你可以向生成式ＡＩ提出「我想製作一個以○○為主題的節目，應該如何進行？」或「我想寫一本以△△為主題的書籍，應該包含哪些內容？」等問題，讓ＡＩ提供一些方案。然後，以這些方案為基礎由人調整和改進。

與其從一開始就要求ＡＩ生成「最佳」的結果，不如利用ＡＩ提供

的初步方案，逐步累積出「更好」的結果，最終打磨出理想的成品。

新聞稿、契約、商務郵件，甚至是道歉信、檢討書等這些固定格式的文書，只需提供「需要什麼內容」的主題或概要，ＡＩ就能快速生成草稿。人類再根據需要適當地編輯和修改。如此一來，撰寫這些已有「固定格式」的文書，將會變得非常輕鬆。

②製作圖像與插畫：能提供包裝、廣告、橫幅等設計方案

生成圖像的生成式ＡＩ不僅能讓人們在業餘時間「隨心所欲地畫各種圖畫來娛樂」，在工作中也能大有用處。它可以用來製作商品包裝、廣告橫幅、書籍封面設計、海報等草稿，並成為創意腦力激盪的夥伴。

只要向ＡＩ描述「畫一張這種風格的〇〇插畫」或「設計一個能給消費者這種印象的商品包裝」，ＡＩ就會生成一些圖像。人類可以把這些圖像當作「初始提案」來進行討論，並向生成式ＡＩ提供額外的指令，進行調整和改進，最終打磨出成品。

如此一來，人類實際動手工作的比例會大幅減少，更容易發揮「人類獨有」的「創造力」。**根據使用方式，專業人士的生產力將顯著提升，並開拓更多新的可能性。**

③程式設計：可得到程式的「草稿」

這或許不算是一般用途，但我自己經常使用生成式ＡＩ來編寫程式碼。即使不自己撰寫程式語言，只需向 ChatGPT 下達「希望編寫這樣的程式」的指令，它就會完成編寫。

實際上，我自己曾經讓 ChatGPT 製作過名為「ＰＯＮＧ」的懷舊乒乓遊戲。程式碼很快就生成了，但最初的版本中，雖然畫面上已經顯示開始乒乓遊戲，但我無法控制球拍。把這個問題告訴 ChatGPT 後，很快就能透過鍵盤控制，最終我無須撰寫任何程式碼，就生成一款符合最初想像中的「ＰＯＮＧ」遊戲。

在最新的 GPT-4 介紹影片中，展示了拍攝手寫在餐巾紙上的簡單

HTML照片，由GPT-4將該圖像內容轉化為文字，並自動生成實際網頁的程式碼功能。據說未來將加入這種圖像導入功能。

話雖如此，這並不代表完全不瞭解程式語言的人也能輕鬆從事程式設計。

生成式AI並不完美，有時會生成錯誤的程式碼。根據我的經驗，AI生成的程式碼十有八九無法正常運行。

因此，**發現錯誤並確保正確運行的工作仍需由人類來完成**。換句話說，對於已經具備一定程式設計能力的人來說，使用生成式AI來省去從頭撰寫程式碼的麻煩，其實非常方便。

④翻譯：消除文本的「語言障礙」

對日本人而言，無論做什麼，「語言」通常都是一大障礙。

要用其他語言交流，必須先掌握語言。與英語圈的人做生意，至少需要掌握基本的商務英語；與華語圈的人做生意，至少需要學習基本的商務華語，才能和競爭對手站在同一個起跑線上——的確，過去一直都是這樣沒錯。

然而，如果能夠熟練運用生成式ＡＩ，未來將會有所不同。**至少在文本層面，即使自己無法書寫或閱讀他國語言，也能夠進行交流。**

像DeepL這樣的翻譯工具，最近也大幅進化，但正如稍後會介紹的實例，生成式ＡＩ可以做到以前各種翻譯工具無法做到的事情。

⑤搜尋：以大量數據為基礎分析，提供「合理的解決方案」

生成式ＡＩ當然也可以當作搜尋引擎來使用。

傳統的搜尋引擎是「顯示與關鍵詞對應的網頁列表」，而生成式ＡＩ則會顯示參照大數據的「摘要」。

過去，每當遇到不懂的詞語時，人們需要搜尋並將獲得的零散資訊在自己腦中整合理解，但從現在開始，生成式ＡＩ可以代替你完成「統整資訊」的工作。

由此產生與傳統搜尋引擎的差異有以下三點：

首先是可以進行具有**「連貫性」的搜尋**。生成式ＡＩ能處理的內容（文脈＝類似ＡＩ的記憶力）遠超過傳統的搜尋引擎，因此可以像人類之間發展對話一樣進行連貫性的搜尋，而傳統的搜尋引擎則是每次顯示搜尋結果後就結束。如果瀏覽了一些網頁後「想更深入瞭解這一點」，則需要從頭搜尋關鍵詞。儘管對搜尋者來說，資訊在腦中是連貫的，但搜尋引擎無法認知這一點。

那麼如果將生成式ＡＩ當作搜尋引擎，會是什麼樣子呢？

假設你搜尋「Ａ」事物，並顯示了「１」、「２」、「３」、「４」的解說文字。當你特別想深入瞭解「３」，只需繼續輸入「請更詳細地說明『３』」，你就能像是從「博學的朋友」那裡獲得資訊一樣，能夠連貫地調查一件事物。

第二個不同點是，生成式ＡＩ能夠做到**考量「上下文」解說**。傳統的搜尋引擎大多只會顯示像字典那樣的釋義，但生成式ＡＩ則可以巧妙地解釋在特定上下文中如何使用、具體含義是什麼。

第三個差異是，可以**調整「解說的難度」**。

大家可能都有過這樣的經驗，當你搜尋一個自己不太瞭解的領域時，找到的解說頁面用詞過於艱深，導致難以理解。

雖然也可以用「〇〇淺顯易懂」這樣的搜尋方式，但這樣可能會顯示過於簡單、缺乏重要元素的頁面，或者是因為過度簡化而不夠精確的內容。

生成式ＡＩ會在全面學習數據的基礎上顯示「摘要」。因此，可以透過下達「不使用專業術語」或「讓小學四年級學生也能理解」的指令等，生成內容充足但解說「難度」可以調整的內容。

這三個差異使得**生成式ＡＩ能夠大幅改變「搜尋」的體驗**，這一點無庸置疑。

然而，我們不應該期望生成式ＡＩ能夠提供「絕對正確的答案」。因為以目前的生成式ＡＩ學習模型來看，有時會因為模式識別的關係，將嚴重的錯誤當作「正確答案」提供給使用者。

⑥ 整理文字：根據時間、地點、場合適當地改寫文體

生成式ＡＩ將大幅改變「文章的書寫方式」。內容的原創性仍然屬於人類的範疇，但要用什麼樣的文章風格來表達——譬如將**「輕鬆的文章」轉換成「論文風格」；將難懂的文章轉換成小孩子也能理解的表達方式等，這些都是生成式ＡＩ非常擅長的領域。**

除此之外，還可以一併完成從英磅到公克、英尺到公尺、英里到公里等單位的轉換。

即使翻譯軟體持續進化，它也只能追求「翻譯的準確性」，無法調整文體、難度和語氣。

對於日本的商務人士來說，不僅僅是把日文郵件「翻譯成英文」，而是改寫成商務文書，這一點應該非常方便。

除了將日文文書翻譯成英文，還可以把不標準的英文改寫成正式的文章。生成式ＡＩ甚至可以從語法不正確的文章中擷取「想說的內容」，並轉換成正確的英文。

此外，由於日文中有「謙讓語」、「敬語」、「禮貌語」這些特定的規則，將口語的日文表達改成敬語等「日文↓日文」的轉換，也是生成式ＡＩ的用途之一。

⑦摘要：瞬間提供長篇文章的「摘要」

「資訊整理」是ＡＩ最擅長的領域之一，因此，**長篇文本或會議記錄的摘要製作幾乎不再需要人類動手。**

就連 ChatGPT-3.5 也能非常精確地製作摘要。不過，它有時會中途停止，或者在被要求繼續時開始完全不同的工作，處理能力上還是有所局限。而這一點在處理上下文能力劇增的 ChatGPT-4 中顯著改善，ChatGPT-4 能夠處理的文本長度大幅增加（約為舊版的八倍，達到兩萬五千字），因此能夠製作長篇文本的摘要。一本總頁數不到兩百頁的書籍，總字數約為五萬字，也就是說 ChatGPT-4 可以一次處理半本書。

我經常結合「翻譯」與生成式ＡＩ的摘要功能使用。如果有一段日語母語者之間熱烈討論內容，我只需向 ChatGPT 下達指令：「標記出誰提出了什麼建議，誰贊成、誰反對，並用英語將重點摘要整理出來。」

以往，在會議結束後總是會產生「摘要會議記錄」的工作，但未來這將會是生成式 AI 的工作。

此外，如果能夠讓生成式 AI 將日語彙整成英語再合併摘要，將大大減少資訊收集耗費的勞力。

⑧調查研究：比傳統搜尋更高效地調查

生成式 AI 學習了過去累積的大量數據，**因此可以根據人類的需求，從世界各地搜尋以前曾經有人寫過的研究論文和報告。**

然而，目前生成式 AI 經常會捏造不存在的論文並提供給使用者。

因此，我們不能盲目相信生成式 AI 提供的答案，需要透過其他方法查核。即便如此，相較於自己從頭開始調查，仍能大大減少勞力消耗。

我也經常詢問「在某某研究領域最先進的是哪個研究所？」「哪本學

術期刊最能涵蓋這個主題和那個主題？」等問題。不過，我一定會親自搜尋確認生成式ＡＩ提到的研究所或學術期刊是否真的存在。需要注意的是，**ChatGPT-3.5只學習了截至二〇二一年九月的數據**。

POINT

- 應人類的需求生成「文本」、「圖片」、「影片」等內容的生成式AI誕生，這項技術正在對人們的工作、生活乃至社會的形態帶來巨大轉變。
- 生成式AI在資訊整理、固定格式文章、按照規則轉換內容、資料收集等方面有多樣化的用途，具體使用方式取決於使用者的創意。
- 把生成式AI當作「工具」使用，可以讓各種作業更加高效，並「擴展」我們的能力範圍。

從企業努力帶來功能進化到搭載 AI 帶來功能擴展

地殼變動①
現有工具搭載最新 AI

人與企業都在持續「擴展」

AI為我們人類所帶來的變化，簡而言之，就是能力和功能的「擴展」。

從事高品質工作的專業人士以及發展人們需要的優秀商品的企業，都能透過生成式AI這個工具，獲得能力與功能上的迅速拓展。

接下來，我們將著重討論商業領域。

我猜想接下來不太可能出現生成式AI的基礎設施提供者。因為目前在生成式AI中成為主流的LLM（大型語言模型）需要龐大的成本，只有資金雄厚的大型科技公司才能維持其研究開發。

開發ChatGPT的OpenAI，最初是成立於二〇一五年的一個非營利ＡＩ研究機構，旨在「透過構建類人水準的ＡＩ來貢獻社會」。在這個理念之下，優秀的研究者和工程師匯聚一堂，以伊隆・馬斯克[1]為首的經營者和企業也宣布捐助總額達十億美元的款項（伊隆・馬斯克於二〇一八年因與自家企業產生利益衝突而退出）。

目前，OpenAI最大的支持者是Microsoft，雙方建立了緊密的合作關係。Microsoft目前已經投入數十億美元，並計畫進一步提供資金。正因為有這樣的巨額資本支持，OpenAI才能將ＧＰＴ發展到今天的地步。

Microsoft利用對OpenAI的巨額投資，推出搭載ＧＰＴ的搜尋引擎「Bing」。雖然稍有落後，但Google也急忙推出自己的聊天型搜尋引擎。在未來一段時間內，這兩家公司將成為ＡＩ領域的兩大巨頭。

還有一家值得留意的公司，就是Amazon。

二〇二三年二月，Amazon與新興ＡＩ企業Hugging Face達成合作。

1 Elon Reeve Musk，一九七一～，美國企業家、英國皇家學會會士、美國工程院院士，SpaceX的創始人、董事長、執行長、首席工程師，也是特斯拉的投資人。

同年四月，Amazon 宣布推出運行於其自家雲端服務ＡＷＳ上的生成式ＡＩ開發平台 Bedrock，這使得開發者可以利用包括自家語言模型 Titan 在內的各種模型，如 Anthropic、Stability AI 和 AI21 Labs 的模型來編寫程式。對於開發者來說，這代表他們可以選擇最適合自己的生成式ＡＩ引擎。

最大的可能性是，Microsoft、Google 和 Amazon 將形成三足鼎立的局面，而在這三大巨頭周圍，還會出現多個專門針對「醫療」、「統計」等特定領域的小規模模型。

此外，在本書確認定稿期間，還有消息報導稱伊隆·馬斯克也成立了ＡＩ開發公司。坦白說，我也無法預測未來會如何發展。

總之，ＡＩ技術本身將由資金雄厚的兩大科技巨頭（再加上一家新進企業）掌握，誕生新創公司的可能性不高。反之，**將會有更多已經擁有大量使用者的企業通過搭載新的ＡＩ技術來擴展其應用程式和網路服務的功能，藉此提升競爭力。**

以日本的代表性美食網站「食べログ」（美食評論）為例，該網站於二〇二三年五月公開 ChatGPT 外掛。使用者啟用外掛後，只需向 ChatGPT

傳達料理種類、預約日期等資訊，即可輕鬆找到符合要求且可線上預約的餐廳。像這種搭載了前所未有的高精度生成式ＡＩ，能夠擴展現有功能的工具已經開始出現。

二〇二三年三月，OpenAI 宣布導入ＡＰＩ功能。新計畫允許使用者處理約為一般 ChatGPT 四倍的 Token（ＡＩ可處理的內容指標）。

將 ChatGPT 等生成式ＡＩ嵌入自家應用程式或網站的情況將會越來越多。目前每天都有新的服務誕生，在此介紹截至本書完稿的二〇二三年五月八日時已經發布的四種代表性服務。

可以通過對話搜尋的 Microsoft「Bing」，會取代 Google 檢索功能嗎？

二〇二三年二月，Microsoft 發布搜尋引擎「Bing」的新模型，該模型搭載為 Bing 改良的最新版 GPT-4，使用者可以即時在與生成式ＡＩ聊天的同時搜尋資訊。

接下來會在第247頁將詳細介紹，Bing可以通過註冊候補名單，登錄後就能免費使用。對於那些想要體驗GPT-4但還不想訂閱付費版的使用者來說，這無疑是一個好消息。

此外，生成式AI具有「連貫性搜尋」的特點，將遠超傳統搜尋引擎，大大提升使用者的資訊搜尋滿意度。

Bing可以根據使用者提供的條件來「制定餐飲或旅行計畫」、「創作原創文章或詩歌」、「建議去哪裡玩以及做什麼會很有趣」，甚至「針對使用者的問題提供更好的回答」，Microsoft將這樣的搜尋體驗定位為「搜尋引擎的進化版」。

未來有多少使用者會轉向Bing尚未可知，但身為搜尋引擎的最大巨頭，Google在Web2（二〇〇〇年代出現的網路進化形態，代表性服務有部落格和社群媒體等）時代曾占據主導地位。如今，新的搜尋模式可能會顛覆Google以廣告為基礎的傳統商業模式，Google目前處於高度警戒狀態（據說，管理階層已向公司內部發布「紅色警戒」〔緊急狀態〕）。

Notion AI：摘要、製作資料、整理資訊、文章撰寫與校正等

二〇二三年二月，共同管理文書的雲端服務 Notion 推出新的付費服務——搭載生成式ＡＩ的 Notion AI（截至五月八日，每位工作空間的成員可免費使用二十次）。

這項新功能使得「即時總結雜亂的筆記」、「有效改善自己撰寫的文章」、「列出新想法的優缺點」、「進行翻譯」、「整理用 PowerPoint 製作的簡報資料要素」等工作可以瞬間完成。

Notion 的共同創辦人兼ＣＥＯ趙尹（Ivan Zhao）在發布文宣中如此描述 Notion AI 的潛力：

「與使用者交流時，我們發現無論職業類型，都有不少人表示『準備的時間比實際工作時間還要長』。」

「如果原本需要三十分鐘的工作現在幾秒鐘就能完成，那麼節省下來的時間可以用來提升自己的技能或專注於重要的項目。Notion AI 就是通往

這種世界的入口。」

「顯然，ＡＩ讓我們的潛力以過去無法想像的方式得到了擴展。」

Notion 已經構建出優秀的文書共同管理格式。在這樣的格式上嵌入ＡＩ進行工作，所產出的結果比直接向 ChatGPT 下達指令所得到的輸出水準更高。這說明生成式ＡＩ的確能夠擴展個人的能力與服務的功能。

Teams Premium：製作會議摘要

Microsoft **在其付費版的線上會議工具 Teams Premium 中搭載了 ChatGPT。這使得任務列表的創建、字幕的插入、會議摘要的生成等工作都可以自動完成。**

此外，Microsoft 還為其辦公應用「Microsoft 365」推出了新功能「Microsoft 365 Copilot」（二〇二三年三月）。未來，這些應用將能像 ChatGPT 一樣通過聊天指令來協助「Word」和「Excel」上的工作。

隨著這類生成式ＡＩ技術越來越多地被整合到現有工具中，人們將在不知不覺中自然地在日常生活中把ＡＩ當作「工具」使用，而且發展會越來越快。**這些內嵌在現有工具中的生成式ＡＩ，將不再被稱為「ＡＩ」，而是以「自動字幕功能」、「摘要生成功能」等「其他名稱」來稱呼。**

GitHub的ＡＩ程式設計功能「Copilot」：自動生成程式碼

軟體開發平台GitHub於二〇二一年六月推出了GitHub Copilot，這是一項可以與生成式ＡＩ合作進行程式設計的服務。

譬如說，只需輸入幾行程式碼，GitHub Copilot就能預測你想要編寫的程式，並自動完成剩餘的部分。這就像在電腦或手機上輸入「敬啟者」後，預測輸入會自動補上「順頌商祺」一樣，可以說GitHub Copilot就是程式設計版的「預測輸入」。

儘管使用者需要具備一定程度的程式設計語言的知識，但寫程式的工作量能因此大幅減少。此外，由於軟體開發領域數據容易積累，代表ＡＩ

學習的效果更好，因此在程式碼的驗證和改進方面，GitHub Copilot 也能達到高精準度。

POINT

- ChatGPT 的 OpenAI、整合最新版本 ChatGPT-4 打造搜尋引擎 Bing 的 Microsoft，這些公司正在進軍生成式 AI 市場。
- 全球大型科技公司之間正在展開激烈的生成式 AI 市占率爭奪戰。
- 像 Teams 和 Notion 等已被廣泛使用的服務，透過整合生成式 AI 提升自家應用程式和服務的競爭力，這樣的案例越來越多。

從金錢和權力集中於大型科技公司的中央集權結構，
到透過 web3 和 AI 實現高度透明的分散式結構

地殼變動②
AI 與 web3 的融合

web3 ＋生成式 AI 帶來的社會變革

二〇二二年被稱為「web3元年」。

接替科技行業巨頭 GAFAM（Google、蘋果、Meta〔臉書〕、Amazon、Microsoft）匯聚所有數據和權力的 Web2 時代，以區塊鏈技術[2]為基礎的分散化（去中心化）新潮流 web3 誕生，並在近幾年迅速擴展（順帶一提，為了表達 web3 的去中心化特性，我刻意使用全小寫的「web3」，而非「Web」）。

web3 的潮流與 AI 的進化和發展

2 藉由密碼學與共識機制等技術建立與儲存龐大交易資料串鏈的點對點網路系統。

並行一點也不奇怪，無論是區塊鏈還是ＡＩ都是廣為社會接受的新科技，因為它們都為社會帶來變革。

在全球同步發展的web3潮流，將因為AI的進化加速。我們可以預見一個「AI DRIVEN」的社會變革即將全面展開。

在ｗｅｂ３新誕生的事物中，與生成式ＡＩ具有高度協調性的就是ＤＡＯ（分散式自治組織）。

ＤＡＯ是針對每個計畫而成立的ｗｅｂ３社群。與一般企業不同，它沒有股東、經營者、員工等上下關係，所有成員皆平等參與專案的運營。

ＤＡＯ的管理工作主要透過成員全體「投票」來進行，而投票則透過ＤＡＯ自行發行的虛擬貨幣（即代幣）實現。此外，成員完成專案的相關任務，也獲得代幣等獎勵當作報酬。

ＤＡＯ的特徵在於每個成員都是自律行動，沒有特定的負責人，也沒有上下階層和雇傭關係。

AI與web3的融合

那麼AI如何參與DAO呢？關鍵在於DAO的運營上，不可或缺的「智慧契約」。

所謂的智慧契約，是指將自動執行約定事項的程式嵌入web3中的「契約」。

為了維持「無中央管理者」自主運行的「DAO＝分散式自治組織」，就必須要有一套系統，能夠自動支付代幣給完成任務的成員。

過去這些程式是由人類手動編寫的，但將其大部分的角色轉移給AI也是可行的。

譬如說，就像外國公司在日本取得法人身分一樣，想創建一個海外DAO的日本版，會因為日本與海外法律不同而需要重新構建這個DAO專屬的智慧契約以適應日本法規。

在這種情況下，可以讓ＡＩ閱讀原有的ＤＡＯ智慧契約，並「按照日本法律重新編寫」，人基本上無須動手就能瞬間完成（當然，最終仍需人工檢查和實施）。

同理，也可以將多個ＤＡＯ合併，「截長補短」創造一個新的ＤＡＯ。

另外，**ＡＩ擅長整理大量資訊，所以也可以應用於ＤＡＯ的管理工作。**

如前文所述，ＤＡＯ是通過全體成員投票作決策的。

導入ＡＩ將大幅提升會議管理、討論摘要、決策過程的效率，感覺就像由ＡＩ擔任會議主持人那樣。

這樣即使有上萬名成員，**ＡＩ也能即時把「大家最關心的是什麼」、「哪些提案受支援、哪些被反對」等意見瞬間視覺化，無須採用多數決也能以此為依據做出決策。**這在沒有技術協助的傳統會議中是無法實現的。

除此之外，還可以**利用ＡＩ分析ＤＡＯ是否健全**，這也是一種運用方式。

web3的技術基礎是區塊鏈。

區塊鏈是一種「分散式的交易帳本」，記錄著虛擬貨幣交易紀錄，由全世界的電腦共同維護和管理。它幾乎不可篡改，而且任何人都能夠確認其中的內容，高度透明就是它最大的特點。

這個以區塊鏈為基礎的DAO，其中的代幣分配（自行發行的代幣如何分配）和智慧契約的內容，都是不可篡改、人人可以查閱的公開資訊。因此，AI可以分析某個DAO的代幣分配和智慧契約，評估其健全性，從而判斷是否參與。

這些用途只是我目前能想到的，隨著web3項目參與者自由發揮想像力，「web3×AI」的應用案例將會不斷湧現。

POINT

- 近年來蔚為潮流的區塊鏈技術，實現了分散式網路web3，而AI也對此產生了重大影響。
- AI可以代替人類編寫web3社群和DAO的程式（分散式自治組織），也可以在新DAO的構建過程中提供創意構想，甚至引導DAO內部的會議。
- 透過分析代幣和智慧契約，AI還能評估DAO的健全性，為參與者提供決策依據。

從扮演專家角色的AI到先知人心的AI

AI進化的現狀與未來

AI是如何進化的？

自一九五六年達特矛斯會議[3]上，首次提出「人工智慧」這個概念以來，AI對人類來說，就是令人興奮的未知技術，同時也是充滿威脅的對象。

在人類能夠享受AI帶來便利的這段期間當然很好，然而，一旦AI擁有與人類相當或超越人類的「智慧」並開始追求「人權」發動叛亂，威脅人類社會——相信大家耳熟能詳，《魔鬼終結者》的情節

3 Dartmouth Summer Research Project on Artificial Intelligence，由約翰．麥卡錫（John McCarthy，一九二七～二〇一一）等人於一九五六年八月三十一日發起，旨在召集志同道合的人共同討論「人工智慧」（此定義正是在那時提出的）。會議持續了一個月，基本上以大範圍的集思廣益為主。這催生了後來人所共知的人工智慧革命。

已經成為科幻電影和科幻小說的一種標準模式。這樣的劇本和無數作品的出現，不正是反映了人們普遍對ＡＩ的高度關注嗎？

當然，在現實社會中，每當新的ＡＩ技術出現，都會引發一些疑慮和擔憂。一旦出現媲美或超越人類智慧的ＡＩ，甚至產生「意識」的ＡＩ，那麼人類勢必會面臨危機，社會大眾當然會想要避免面對這種局面。

雖然只是我個人的看法，但我對於將人與ＡＩ的關係，僵化為「人類對抗ＡＩ」這種模式抱持疑問。

人類與AI的關係如何定位，將大幅影響到過去和未來AI在社會中的角色。為了讓大家重新思考「自己與ＡＩ的關係」，在此簡單回顧一下ＡＩ的發展歷程。

ＡＩ的歷史大致可分為三個階段。以下資料根據松尾豐先生（東京大學教授、日本深度學習協會理事長）的研究室，於自民黨計畫小組上發表的資料為基礎說明。首先，一九五〇年代後期到一九六〇年代，誕生擁有「推論」和「探索」能力的電腦，引發了**「第一次AI熱潮」**。人們期望把各種解決問題的工作交給ＡＩ，但實際上只能解決特定問題，無法解決現實社會中複雜的問題。

一九八〇年代再次出現熱潮。人們找到了將人類的「知識」轉換成「電腦可理解的形式」並讓電腦「學習」的方法，大幅提升ＡＩ的實用性。導入專家系統，使ＡＩ能夠扮演專家的角色。

然而，在這個階段，ＡＩ還無法「自主學習」。也就是說，人類必須每次都將「知識」轉換成「電腦可理解的形式」並讓其「學習」。如此一來，要讓ＡＩ學習世界上大量的知識，實際上是不可能的任務。由於這些技術、成本和時間上的限制，「第二次ＡＩ熱潮」於一九九〇年代中期走向終結。

之後在二〇〇〇年代興起，一直持續到現在的是「第三次ＡＩ熱潮」。在這個階段，「ＡＩ自主學習」技術、「機器學習」已經確立，能夠根據大量積累的數據，自主回答人類各種問題和課題的ＡＩ誕生。人們期待這項技術突破能大幅推動ＡＩ的實用化，目前也正在逐步實現中。

像是「漢字預測」、「網路廣告演算法」都是透過機器學習技術得以實現。在這條歷史的延長線上，才會衍生出ChatGPT、Midjourney等使用者逐漸增加的生成式ＡＩ。

圖 1：AI 熱潮的演變

1950 年代後期 ～ 1960 年代	1980 年代 ～ 1990 年代中期	2000 年代 ～現在
第一次 AI 熱潮	**第二次 AI 熱潮**	**第三次 AI 熱潮**
誕生能「推論」和「探索」的電腦。	AI 得以「學習」，能擔任專家的角色。	AI 自主學習＝確立「機器學習」的技術。
雖然能解決「特定問題」，但無法解決現實世界中的複雜問題。	人類將知識轉換成電腦可以識別的形式，讓電腦進行學習，但在這個階段，電腦仍無法「自主學習」。	AI 的實用化大幅進步，電腦能「自主學習」大量數據。

何謂「智慧」？──AI・IA之爭

那麼，根據前述的歷史，重新審視人類與ＡＩ之間的關係之後，會發現什麼呢？

「人工智慧」究竟是什麼？「智慧」到底是什麼？人類究竟能否「人工」地創造出來呢？什麼才算是「人工智慧」？

事實上，在過去四十年，專家們一直在重複**「AI對AI」**的辯論。「ＡＩ派認為，利用大數據訓練出來的電腦可以模仿並媲美人類智慧，而「ＩＡ派（Intelligence Augmentation＝智慧擴展）」則認為，電腦應該是「擴展」人類智慧的工具。

在長久以來的辯論之中，我想多加一個不同的觀點。

話說回來，「智慧」到底存在於何處？自電腦誕生以來，智慧不就一直是超越「個人」，存在於那些由機械串連的網絡之中嗎？

從這種「網絡化智慧」的觀點，我們現在所謂的「ＡＩ」技術，實際

圖 2：AI 的三種見解

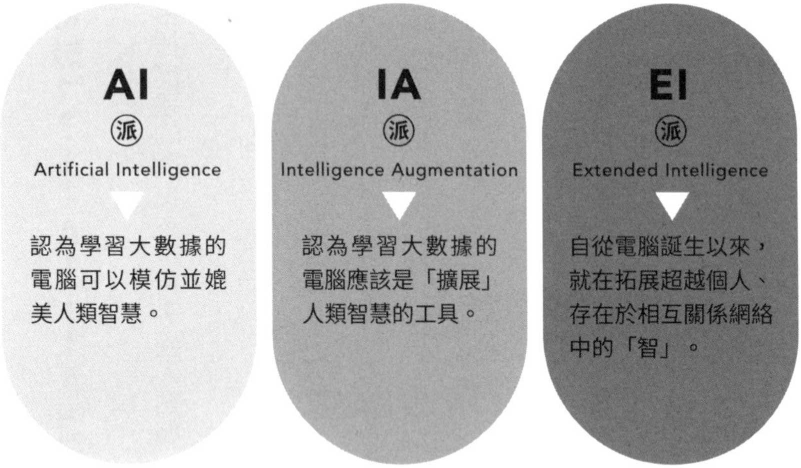
AI
派
Artificial Intelligence
認為學習大數據的電腦可以模仿並媲美人類智慧。
IA
派
Intelligence Augmentation
認為學習大數據的電腦應該是「擴展」人類智慧的工具。
EI
派
Extended Intelligence
自從電腦誕生以來，就在拓展超越個人、存在於相互關係網絡中的「智」。

上與「ＡＩ人工智慧」或「ＩＡ（智慧擴展）」有些許不同。

如果智慧本就已經被網絡化，那麼所謂的「ＡＩ」其實只是自然地「補強」和「擴展」智慧網絡而已。

換言之，**我們過去一直稱之為「AI」的東西，其實應該是拓展和強化智慧的工具——「EI」（人機共融）。**

未來，我們將繼續以各種方式利用這種更加高度發展的智慧網絡。「媲美或超越人類智慧的ＡＩ」並不會威脅到人類，ＡＩ或者說ＥＩ反而會是協助人類完成各種任務的工具和資源。

次世代AI——神經符號AI的可能性

ＬＬＭ建立在神經網路的基礎上，這是人工智慧的一種形式。這種大型網路是透過相互連接的「節點」製成，它使用大量數據和計算資源，部分模型可能需要花費數億美元來訓練。

ＬＬＭ真的如字面上所示可以「魔法般地」從文本和圖像中學習，這類似於我們用右腦直觀地理解某事。

我們無法簡單說明LLM是如何從文字和圖像中學習的，因為LLM的學習方式沒有規則或邏輯基礎。

然而，還有其他類型的AI存在，那就是一種結構化或者說「象徵性」的AI。

這種AI可以像我們一樣理解事物背後的「原因」，這是因為**這種AI是按照規則運行的，所以即使訓練數據量很小，它們也可以擁有理論和想法，並且可以隨著訓練數據的增加而更新自己的理論。**與當前的LLM相比，這種AI更善於解釋事物背後的「原因」，而且只需要較少的計算資源和訓練數據，並且更擅長處理事實和數據。

我正在與MIT（麻省理工學院）不確定性運算機專案的成員合作，開發這種神經符號AI。

順帶一提，像LLM這樣的神經網路無法持續更新。由於LLM的結構，必須通過批次處理任務（按目的整理程式和數據並按順序處理的一連串流程）來學習，這就是為什麼ChatGPT只擁有特定日期前的資訊。

正如右腦和左腦分別學習擅長的部分，目前符號ＡＩ和神經網路之間的協作可以說是高度相容。

POINT

- 在ＡＩ歷史上有三大時期，分別是隨著能夠「推理」和「探索」的電腦誕生，帶來「第一次ＡＩ熱潮」（一九五〇年代後半～一九六〇年代）；確立電腦「學習」人類「知識」方法的「第二次ＡＩ熱潮」（一九八〇年代～一九九〇年代中期）；以確立機器學習為開端的「第三次ＡＩ熱潮」（二〇〇〇年代～至今）。
- 專家之間一直存在「ＡＩ（人工智慧）與ＩＡ（拓展智慧）」之爭。
- 像我們一樣能夠理解事物背後原因的次世代ＡＩ，「神經符號ＡＩ」也已經誕生。

CHAPTER 1

工作

扮演「DJ」的角色

工作方式：從每個流程都親自動手，
到把雜務交給 AI，專注於自己擅長的部分

這些職業的「工作方式」將會改變

文本生成ＡＩ──讓人類從「機械性的雜務」中解脫

文字生成ＡＩ的代表作ＧＰＴ，是透過大量的文本數據（ＬＬＭ大型語言模型）「學習」而成的ＡＩ。

ChatGPT的開發，始於「預測下一個詞語的ＡＩ」。

如果讓這個ＡＩ學習網路上大量的文本數據會怎麼樣呢？

隨著預測準確度和文章生成能力逐漸提升，接著進一步增加學習數據等負荷，最終誕生了現在這樣「（雖然並非真正具有智慧）像擁有智慧般地撰寫文章」的ＧＰＴ。

透過高度學習的ＡＩ，人類將與「文字」相關的諸多簡單作業中解脫。**由於它能參考學習完畢的大量數據，提出我們需要的東西，因此可以被視為高精確度的「預測轉換機」**。

在使用電腦撰寫文章時，輸入平假名就能瞬間顯示預測轉換的漢字。本質上類似於ＡＩ參考漢字數據並逐步建議「您想輸入的是這個漢字嗎？」的過程。

於是，日本人會在這過程中選擇合適的漢字，回應「不是這個，也不是這個……我要輸入的是這個漢字」。ChatGPT可以說是全方位提升這種ＡＩ與人類互動的工具。然而，它給的答案不見得完美。

由於生成式ＡＩ不具有意識，因此不會故意「說謊」，但是會「犯錯」。這時，**檢查生成式AI給出的答案，並在出錯時予以糾正，就如同日本語母語者會發現漢字錯誤一樣，是需要某程度上對該領域有深入瞭解的人類來完成的工作**。生成式ＡＩ擅長於「彷彿有智慧似地生成文本」，但最終還是需要人類的智慧來加以補充。

雖然支配Ｗｅｂ２的Google和Meta（臉書）也在致力於開發這種聊

天型的生成式ＡＩ，但Google起步較晚，而Meta則稍顯躁進，導致ＡＩ錯誤頻出並因此飽受批評反而不利發展。我認為目前使用者介面做得最好、最便捷的是OpenAI的ChatGPT。對於第一次接觸生成式ＡＩ的人，我還是推薦使用ChatGPT。

ＧＰＴ的學習模型ＬＬＭ，專家們早在大約三年前就開始密切注意。隨後OpenAI便在二〇二二年十一月推出了任何人都可以在網站上使用的ChatGPT。

而且，正如它命名為「Chat」那樣，ChatGPT採用了自然語言的「對話」形式。也就是說，**只要能透過短訊息和朋友交流的人（也就是任何會使用數位設備的人「都能」使用），這一點正是它劃時代的創新之處**。截至二〇二三年一月為止，ChatGPT的全球每月活躍使用者已超過一億人。這是發布後短短兩個月就達成的數字。據說，過去從來沒有一個應用程式在這麼短的時間內就達成一億使用者的成績。

圖像生成AI——與AI商討，共同創造需要的視覺效果

能夠按照自己提出的要求生成圖像和設計，這件事本身就很有趣。我覺得可以先嘗試各種不同的圖像生成ＡＩ，觀察使用上的便捷性。如果要在工作中使用，**圖像生成AI非常適合當作創作視覺素材的「討論對象」**。

商品包裝、橫幅廣告、書籍封面、海報和傳單等宣傳材料的設計，只需向圖像生成ＡＩ提出指令「想創作這樣的東西」，幾十秒內就會出現生成結果。

以此為基礎，反覆檢討，最終創作出成品。人類的角色是「指示方向」和「繼續引導ＡＩ打磨方案」，在這個過程中，我們主要使用的是頭腦和創意，幾乎不需要親自動手。

我們使用自然語言與ＡＩ溝通，所以需要掌握將想法轉化為語言的技巧。不過，圖像生成的工作是由ＡＩ完成。

因此，即使沒有繪畫技巧或使用設計工具的能力，也可以幾乎不花費成本地在自己撰寫的文章中插入插圖或製作圖示。

此外，創意是透過反覆輸出和反饋鍛鍊出來的。因此，**把圖像生成ＡＩ當作激發靈感的對象，可以擴大插畫師和設計師等專業創作者的生產力和可能性。**

圖像生成ＡＩ有Midjourney、DALL・E和Stable Diffusion等。這些ＡＩ在圖像風格和特色上各有不同，即使輸入相同的指示，生成結果也完全不同。掌握這些ＡＩ最快的方法就是多多嘗試。第74頁列出幾個代表性的生成式ＡＩ特點一覽表。希望大家可以參考，並從感興趣的ＡＩ開始試用。

圖 3：主要的生成式 AI

名稱	特徵	備註
	文本生成類	
ChatGPT	以大量自然語言處理的學習數據為基礎，具備高水準的自然語言理解能力與回答生成能力。能回應廣泛的主題和問題，可在多種用途中發揮作用，也能生成符合文脈的自然對話。	●截至 2023 年 5 月 8 日為止，ChatGPT 的知識僅更新至 2021 年 9 月，在那之後的資訊就無法處理。 ●截過去學習數據中的偏誤，可能會生成偏頗的回答。
Bing AI	根據即時搜尋結果生成高水準的回答。具備標明「出處」的功能，因此能應對最新資訊。	●由微軟提供的服務，因此與 Windows 和 Office 等微軟產品的連結性高。對使用其他公司產品或服務的使用者可能比較不方便。
Google Bard	谷歌於 2023 年 2 月發表的聊天型 AI。	●以谷歌於 2021 年發表的 AI 對話技術「LaMDA」為基礎。 ●未來計畫與谷歌搜尋功能整合。
	文本生成類	
Stable Diffusion	只需輸入關鍵詞，對應的圖像就會自動生成。提供無需註冊或登錄帳號的試用版。 過去需要準備機器並安裝，但最近已經有了網頁介面，使用上更簡便。	●開源的圖像生成 AI。 ●與 OpenAI 或谷歌公開的安全模型相比，「安全措施」較為寬鬆，可能生成「不適當的圖像」。 ●使用者需對生成的圖像負責，如發生法律或民事問題，需自行處理。
Midjourney	AI 會透過輸入圖像的描述或關鍵字生成圖像。即使只輸入單字也能生成圖像。在 V5.1 版本中，增加了更像照片的表現功能，除此之外還有專注於生成動漫圖像的 niji 版。	●支援日文，但使用英文得到的成果品質更好。 ●需要使用聊天服務「Discord」，需註冊 Discord 帳號。 ●免費使用者每個帳號限制生成 25 張圖像。
DALL・E2	主要針對專家和研究人員提供的圖像生成 AI。不僅具備生成新圖像的功能，還搭載編輯現有圖像的功能。	●使用需註冊等候名單。 ●每次使用需支付一個點數。
Adobe Firefly	Adobe 於 2023 年 3 月發表的圖像生成 AI。由於是學習 Adobe 的庫存圖像，因此生成的圖像沒有版權問題。4 月起，公佈個人測試版。	●未來計畫整合至 Adobe 的多種服務中。

將因ＡＩ改變的工作

生成式ＡＩ可以代替人類進行許多過去只能親自動手做的雜務。如此一來，人類可以節省時間，提升業務效率達數倍或數十倍，也能集中精力在「只有人類能做的事情」上，並且進一步擴展。

另一方面，由於生成式ＡＩ的便利性主要呈現在為工作提供「基礎」，因此可以預見「打造基礎」的工作將被ＡＩ取代。

譬如從事事前調查、打草稿、制定草案、安排事項等機械化、標準化、例行性工作的人，或者那些等待指示、只做上級交代的事情，這類人能夠發揮功能的機會將大幅減少。

生成式ＡＩ普及後，某些職業也不會立即消失。然而，每種職業所需的人數應該會逐漸減少。

透過使用ＡＩ輔助工作，可以減少勞動力。也就是說，**工作的結構正在變化，這使得過去流於表面的「工作時間」和「待遇」等「工作方式改革」，將在更具本質意義的部分產生變化。**

那麼實際上，人類的工作結構以及工作方式將如何變化呢？

接下來我將提供具體例子說明，但整體上的共通點，就是專業工作將得到進一步的「擴展」。

熟練使用生成式ＡＩ，讓ＡＩ成為「合作夥伴」，除了讓專業人士的工作大幅簡化和效率更好之外，同時也可能讓專業人士達成更高的成就。生成式ＡＩ將大幅改變人類的「工作」和「工作方式」，指的就是這個意思。

至少在接下來的幾年裡，人們將進入一個探索「以使用生成式ＡＩ為前提的工作方式」的時期。我認為，**相較於將生成式ＡＩ視為「威脅」或「可疑的東西」，願意嘗試使用它並觀察是否可以「和平共處」，將成為分水嶺，區分出今後一飛沖天和停滯不前的兩種人。**

透過使用生成式ＡＩ，工作方式將發生巨大變化的職業有哪些呢？這裡提到的傳統工作方式是編輯部提供的，讓我們來看一些例子吧。

業務人員：加速數據匯總、提案資料製作

業務人員的工作流程當中包含展現自家公司的產品或服務，能如何解決顧客的困擾、實現顧客的要求，然後讓顧客簽約。

一般而言，業務人員的工作流程包括以下幾個步驟：「①決定要銷售的目標客戶；②收集市場動向等數據，並製作符合對方需求的提案資料；③撰寫並寄送推銷郵件；④親自拜訪對方並進行簡報；⑤如果達成協議，就可以準備合約」在整個過程中，可能還包含「向上級提交報告」等工作。

過去，這些工作都是由人類自己完成，但以後所有業務的「準備工作」將先交由生成式AI處理。未來，業務人員的工作大致上會變成以下這樣：

①請生成式AI提供「我想銷售這種產品，應該向哪些人推銷？」的推銷候補清單→選擇

②請生成式AI收集市場動向等數據，並以數據為基礎製作提案資料→檢查、修改（如果AI生成的提案資料完全不符需求，則需重新傳達重點，待提案生成後再度確認並修改、編輯）

③請生成式ＡＩ撰寫推銷郵件↓檢查、修改並寄送

④請生成式ＡＩ製作推銷會用到的「劇本」或「簡報」↓檢查、修改

之後對客戶做簡報

⑤達成協議後，請生成式ＡＩ準備合約↓檢查、修改

庶務：大部分的文書工作將瞬間完成

庶務工作涉及範疇很廣，其中有一些工作可能是根據固定格式加以編輯。因此，像是製作估價單、發票、交貨單、合約、備忘錄等文件、數據輸入等工作可能會改以「使用生成式ＡＩ製作草稿，然後自己審核和修改」的方式進行。

譬如說，對生成式ＡＩ發出指令，要求它「根據以下條件和格式製作一份××案件的合約（附上條件與格式）」，然後再對生成的檔案進行審核和修改。

行銷：與ＡＩ商討，創造出銷售機制

市場行銷的工作是根據各種市場調查和市場趨勢等資訊來設計「暢銷方案」。具體來說，包含提出新企劃、確定產品概念、制定廣告策略等工作，為了提高效果，需要正確掌握數據，準確分析目標消費者群體的行為和思維傾向。

無須多言，大家都知道ＡＩ針對「數據」、「分析」等定量和數學性質的處理能力遠遠超越人類。

如此一來，未來市場行銷的工作流程，將先由生成式ＡＩ完成數據的收集和分析，然後再從與生成式ＡＩ「腦力激盪」的過程中打造新的暢銷方案。

公關：寫新聞稿變得更簡單

公關的工作主要是透過傳遞自家產品或服務的魅力（PR），提高公司在社會上的知名度。

為了廣泛宣傳，需要「資料」、「素材」和「計畫」。因此，透過讓生成式AI先制定草稿，撰寫新聞稿將會比現在更加輕鬆。

此外，根據產品或服務的不同，可以在AI的幫助下，列出哪些媒體比較有可能報導自家產品，並製作媒體清單、打磨宣傳計畫。

教師：創造「有趣的學習」

以前「授課」主要集中在按照教科書傳授知識給學生（當然，這並不是在學校能學習到的全部）。然而，如今「具創造力的思考」能力，遠比單純「擁有知識」更加珍貴。

事實上，日本在這方面已經落後很多，未來必然會越來越需要能夠培養學生創造力的教師。

那麼，如何才能培養學生「具創造力的思考」呢？

要刺激孩子的創造力，關鍵在於「有趣的學習」。但是，若教師本身也是在一成不變的教育體系下成長，要獨立設計這樣的課程可能會遇到一些困難。

這時，具有生成式ＡＩ就可以成為強大的助手。譬如說，它可以提供各種國內外的教育實踐案例，教師就能據此設計出突破傳統而且獨特的有效課程。

此外，我們還可以將生成式ＡＩ融入到授課和作業之中，例如讓學生「自己驗證並整理生成式ＡＩ查詢到的內容」，這樣就能營造出更加富有創意的學習模式。

研究者與研發職：減輕調查與研究的勞力

理工科和文科的研究都離不開「調查」。

研究者之中，尤其是數據科學家的工作方式應該會發生巨大的變化。數據科學家的工作是篩選出社會和商業的問題，並利用數據來解決這些問題。數據的收集和分析，乃至於設定前提，生成式ＡＩ都會是強大的商業夥伴。

可以讓生成式ＡＩ先檢討社會動態或商業模式，生成應該解決的問題清單，然後再比對自己觀察到的情況，篩選課題。接著與生成式ＡＩ一起收集並分析數據。

除此之外，無論是文科還是理科的研究者，以往需要自己去圖書館借書、閱讀學會期刊中的最新論文，或是訪問各地大學的圖書館來搜尋論文，現在這些工作大部分都可以交給生成式ＡＩ來處理。

與生成式ＡＩ一起討論研究方法、規劃實驗和田野調查的計畫等，甚至能描繪出研究的藍圖。

此外，為了獲得研究經費所需的手續以及大學內的繁瑣雜務等，未來都可以由生成式ＡＩ來處理。

把生成式ＡＩ當作合作夥伴，研究者可以大幅減少需要自己親自完成的任務，從而更加專注於「思考」，也就是研究本身。

企業的研發部門也一樣。與生成式ＡＩ共同進行必要的數據收集、調查、實驗和分析，可以大幅減少開發新產品所需的勞力。

然而，使用生成式ＡＩ進行調查時，需要注意一點。生成式ＡＩ在無法確實回答時，可能會編造不存在的虛構論文，也就是會撒謊。

接下來，隨著生成式ＡＩ性能的不斷提升，這種情況的發生頻率會逐漸減少，但現階段而言，仍需使用另一個生成式ＡＩ來驗證提供的論文，或使用搜尋引擎來檢查。順帶一提，著名的學術期刊《科學》在二〇二三年一月宣布，不接受由生成式ＡＩ撰寫的論文。

撰稿人：原稿撰寫轉變成精煉草稿

根據自己的經驗來整理思路、總結採訪內容、整理調查資料，這些一直是撰稿人的主要工作。而在未來，撰稿人的工作將變得更具「編輯」色彩。

因為生成式ＡＩ能夠生成大致的「草稿」，接下來的工作就是對重新編寫，讓文章更具原創性和吸引力，這些「編輯」的過程正是展示個人創意的地方。

因此，撰稿人的主要工作將會變成：提出「主題」、「文脈」、「文體」等要求，將自己的想法筆記、採訪記錄的文字稿或者調查內容交給生成式ＡＩ，然後編輯ＡＩ生成的「草稿」。

編輯：構思方案、思考書籍標題變得更容易

除了編輯作者或撰稿人的原稿，為上司或作者提供企劃構想時的提案、

思考書籍標題及包含書腰在內的封面文案等，都是編輯的重要工作。

過去，我們通常會參考暢銷書的內容和標題，從街頭廣告文案中尋找靈感，或查閱字典和同義詞辭典，基本上，都是依靠自己的頭腦來構思多種方案。

現在，透過引入生成式ＡＩ參與「參照各種資料並構思方案」的流程，大幅節省編輯工作的勞力並提升效率，而且發想也會變得更加豐富。使用生成式ＡＩ來構思方案，等同於和一位擁有豐富知識的人一起腦力激盪。

設計師：提供設計方案變得更有效率

以往設計師會從零開始構思設計方案，然而現在透過使用圖像生成ＡＩ當作構思夥伴，可以大幅提升效率。

首先，將委託人的需求告知生成式ＡＩ，讓它提出設計草案，然後設計師再運用自身的創意進行調整。透過這樣的方式，設計的範圍和可能性將比過去獨自構思時更為廣泛。

因此，這並不代表設計師的工作會因圖像生成ＡＩ的出現而「消失」，反而設計師的工作將會因生成式ＡＩ擴充。

由於實際需要操作的部分簡化且效率提升，設計師自身的創造力也會比以前更容易發揮出來。如此一來，更能獲得「專業人士」才辦得到的高水準且豐富的工作成果。

主播：人類不再需要朗讀新聞

如今已經有ＡＩ朗讀的新聞節目，這意味著「朗讀新聞」不再是人類專屬的工作。然而，這並不代表主播會完全被ＡＩ取代。

相反地，隨著「朗讀新聞」這部分工作交給ＡＩ處理，主播可能會更多地扮演像新聞節目主持人一樣的角色，譬如說引導節目嘉賓提供資訊和意見，或者在節目中表達自己的觀點。

而這些工作也能透過把ＡＩ視為「知識豐富的腦力激盪夥伴」或「能幹的調查員」來進行，以獲得高水準的成果。

師字輩職業：製作大量文書的效率提升

律師、會計師、稅務師等專業人士的工作通常伴隨大量的文書處理。然而，這些檔案大多有固定格式，因此大部分的工作都可以交由生成式ＡＩ完成。

這些專業人士是為了讓客戶能夠過著健全的社會生活，而付出知識和努力的專家。當然，仔細檢查文件、提出各種申報、申請等手續依然是專家的工作，但透過讓生成式ＡＩ來處理必要的檔案工作，可以大幅提升工作效率。

製作人與導演、編劇：
企劃書、劇本製作、進度管理轉變為「詳細審查新點子」

構思電視節目企劃的製作人、負責管理現場進度的導演以及撰寫腳本的編劇，透過善用生成式ＡＩ，也可以大幅度節省勞力並提高效率。舉例來說：

- **製作人：提供生成式ＡＩ一個大致的主題（題材）和預算等條件，由ＡＩ生成企劃草案，然後以草案為基礎檢討並完成企劃。**
- **導演與編劇：提供生成式ＡＩ節目的主題、時間框架、演出者等條件，由ＡＩ生成腳本草案，然後以草案為基礎檢討並完成腳本。**

這些流程都是「生成式ＡＩ製作草案↓檢討並完成」，藉由這種方式讓人們能更容易發揮本來的創造力。以這個例子來說，專業工作在這裡也得到進一步「擴展」。

程式設計師：不再需要寫簡單的程式

簡單來說，程式設計就是為電腦編寫「在這種情況下，進行這種處理」的指令（代碼）。這需要用程式語言來編寫，但今後我們不再需要從頭到尾自己完成。

只要向生成式ＡＩ指示「想要這樣的程式」，它就會按照指示編寫。雖然不一定一次就能完成完美的程式，但發現缺點的時候，只需向生成式ＡＩ指出有問題的地方，它就會立刻修正。

對於複雜的程式設計，最終還需要人來仔細檢查並進行修正，但簡單的程式設計，可以在與生成式ＡＩ「討論」的過程中，不需要親自動手就能完成。

未來程式設計師的工作，將會變成利用生成式ＡＩ來編寫代碼，並仔細審查ＡＩ編寫的代碼，以確保功能正常。

ＡＩ帶來的新工作機會

提示詞工程師：編寫具備「匠人技藝」的提示詞

雖然生成式ＡＩ改變了許多現有工作的形式，但也創造了新的職業。其中最具代表性的就是與生成式ＡＩ指令相關的「提示詞」職業。生成式ＡＩ是否能輸出符合我們期望的內容，取決於提示詞的優劣。

就像人類上司的指示方式會影響屬下的表現一樣，ＡＩ沒有個人意志，只是非常忠實回應下指令的人，因此，好的提示詞能輸出好成果，不好的提示詞則會輸出差強人意的成果，兩者的差距十分顯著。

因應ＡＩ的出現誕生了一種新職業——「提示詞工程師」。

「撰寫能夠引導出符合期望成果的提示詞」已經成為一項新的技巧，提示詞工程師會販售自己撰寫的提示詞。主要的顧客就是那些對ＡＩ還不熟悉，或者是希望快速獲得符合期望成果又不想自己撰寫提示詞的人。

提示詞可以在PromptBase（如第９１頁圖所示）等提示詞市場上購買。

在 PromptBase 平台上，就有販售能讓 AI 高精度輸出的精細提示詞。購買的使用者可以把這些提示詞當作基礎，再根據自己的需求進行調整使用。

出處： https://promptbase.com/

打開市場後，你會看到不同的分類，如「Midjourney」、「DALL·E」、「Stable Diffusion」等，並展示「這種提示詞會生成這種圖像」的範例，使用者可以從中選擇自己喜歡的提示詞並購買。這種平台大多是以美元結算，價格大約在二～五美元之間。

我自己也曾在提示詞市場上購買提示詞，值得一提的是，提示詞市場上不斷有新的提示詞出現，而且免費的提示詞越來越多。

購買提示詞不僅是為了獲得符合期望的生成物，還可以學習「輸入這樣的提示詞就會產生這樣的輸出」。提示詞工程師這項新職業，也成為讓人們掌握生成式ＡＩ這種新工具的「教材」。

ＡＩ帶來的產業結構大轉變

商業模式：獨特數據×生成式ＡＩ引發的結構變化

生成式ＡＩ正試圖改革現有的商業模式。

生成式ＡＩ是參考數據並導出答案，所以如果數據積累不足或不夠充分，即使使用者輸入再優秀的提示詞，答案的精確度也會降低。

例如，ChatGPT 並不是在理解事物的「結構」後得出答案，而是透過大量數據進行模式識別，生成「看似有模有樣的答案」。

因此，它有時會自行連結不相關的「事實 A」和「事實 B」，捏造出不存在的「事實 C」，並提供一個「貌似合理的答案」。也就是說，它會憑空推測：「如果有事實 A 和事實 B，那麼應該也會有這樣的事實 C」。

舉個例子，如果你對 ChatGPT 說：「列出東京評價最好的五家天婦羅店。」乍看之下，這是一個非常簡單的問題，但在 ChatGPT-3.5 中，答案中通常會混有一個假的資訊，譬如說出現「不存在的店家」

雖然相較於舊版的 ChatGPT-3.5，新版的 ChatGPT-4 數據積累量大幅增加，這類錯誤已經大幅減少，但無論如何，基於識別模式來生成答案的生成式 A I 仍然存在一個重大缺陷，那就是「有時會自動生成模式並提供錯誤的答案」。然而，這也正是嶄新商業模式的潛在機會。

我們繼續看「東京評價最好的五家天婦羅店」這個範例。

世上有許多收集餐廳資訊的服務，這些服務中累積的數據通常是正確的。基本上不會出現「不存在的虛構店舖」。

既然如此，對於先前提到的「生成式ＡＩ會生成的帶有謊言的答案」，如果能夠加上之前累積的「正確數據」當作過濾器，提供「正式答案」時就能排除謊言。

世界上已經存在許多擁有個人（或企業）大量數據的服務。如果這些服務以某種形式與ＡＩ結合，就可以通過「數據×生成式ＡＩ」的商業模式來提高顧客滿意度，並且這樣的模式在未來可能會越來越多。

我再舉一個稍微複雜一點的例子。

譬如說我對ChatGPT提出「今晚想在外面吃飯。請提供步行十分鐘內、價格在五千日圓以下，可以享受美味料理和美酒的餐廳清單」的要求。我期望的條件是「今晚的晚餐」、「步行十分鐘內」、「五千日圓以下」，「美味的料理和美酒」，但這樣的指令很可能無法讓我得到滿意的答案。

首先，「今晚的晚餐」可以透過「提供晚餐服務的餐廳數據」來解決。然而，ChatGPT不知道「我家」在哪裡。不過，這可以透過允許存取我的位置權限，自動替換成「現在位置」。

接下來的「五千日圓以下」和「營業時間」一樣，是客觀且定量的條件，所以能夠解決，但「美味的料理和美酒」這一點就沒辦法了。剛認識我的ChatGPT，不可能知道我「喜歡」哪些料理和美酒——也就是我的「喜好」。

即便如此 ChatGPT 還是會試圖給出答案。

雖然是以龐大的數據為基礎提供答案，但 ChatGPT 能參考的只有「公開資訊」。如此一來，我輸入的條件大概會被解讀為「提供晚餐服務的餐廳」、「距離目前位置步行十分鐘內」、「五千日圓以下」、「評價高的餐廳」，ChatGPT 會以這些「公開資訊」為條件給我答案。

因此，即使我更喜歡「義大利料理」而非「日式料理」、更喜歡「葡萄酒」而非「日本酒」，ChatGPT 提供的候選名單中依然可能包括「（評價高的）日式料理店」。

而且，正如之前所說，這其中可能還會摻雜一些「虛假的資訊」。結果就是，我會覺得「這份清單不太有吸引力」、「不怎麼有用」。

這裡的關鍵問題是，ＡＩ雖然擁有大量「餐廳」的數據，但幾乎沒有關於「我」這個人的資訊，也就導致無法順利搭配出適合我的清單。那麼，假設我經常使用「美食網站Ａ」預訂餐廳，而「美食網站Ａ」搭載ChatGPT的功能會怎麼樣呢？

假設「美食網站Ａ」累積許多關於「我」的飲食偏好數據（例如過去預訂的餐廳）。因此，ChatGPT在對我提出「美味的料理和美酒」這個需求時，可以參照「美食網站Ａ」中累積的數據，提供更能讓我滿意的答案。這也就說明，生成式ＡＩ能處理「文脈」這一點非常重要。此外，有關生成式ＡＩ處理個人資訊的問題，已經在歐美等地被列為重大課題。

目前，生成式ＡＩ正朝著付費化的方向發展。然而，並不是所有原本免費的服務在整合生成式ＡＩ之後都會變成付費服務。

服務提供方如果沒有大量使用者使用其服務，這些服務就沒有意義。付費會導致使用者流失，這是廠商最不樂見的結果。

因此，為了迴避「收費」的高牆，將由服務提供方支付生成式ＡＩ的成本。透過加入ＡＩ功能提高客戶滿意度，就能吸引更多的使用者。透過提升自身的廣告媒體價值，然後藉廣告獲得收益，未來想必也會有這樣的商業模式出現。

擁有非公開獨家數據的服務商與生成式AI結合，在這種情況下，以往搜尋引擎難以實現的事情將化為可能，或許「Google一枝獨秀的時代」就快要走向終結。

POINT

- 生成式AI大致分為「文本生成AI」和「圖像生成AI」。
- 大部分工作的「草案」、「初稿」將由生成式AI代勞，人類的工作將集中於審查AI生成的「有潛力的選項」或者進一步打磨草案。
- 由人類創造的各種職業和商業模式不會立即被「淘汰」，但會被迫從傳統方法轉變為以「使用AI」為前提。

工作：從按部就班進行到以「趣味性」打造差異化

工作將變得像 DJ 一樣

我們的工作是「組合」與「混音」

隨著生成式AI的不斷進步和普及，人類的職業、工作方式和商業模式將如何改變呢？

我們在前文已經看到具體案例，但梳理整個概念，我認為人類的工作整體上會變得像「DJ」一樣。

我自己偶爾也會當DJ，DJ基本上不需要自己製作音樂。而是收集各種音樂片段，然後透過機器設備添加效果，像拼貼畫那樣組合成一首音樂。

而且DJ不需要懂音樂理論。

DJ需要的是擷取能力而不是根據理論作曲，也就是說要具備「哪些片段組合在一起、如何處理設備，才能讓音樂聽起來很酷」的品味。

簡而言之，**DJ的創造力在於「組合」與「混音」，而不是「從零開始創作」，這一點和使用生成式AI輔助工作很像。**

如第77頁介紹的案例所示，能夠善用生成式AI當作工作工具的話，基本上不再需要自己「從頭開始創作」。

只要向生成式AI發出指令，生成草稿後將其改進，編輯成最終成果。是否能輸入良好的提示詞，生成出優質的草稿，將會直接影響最終成果的品質。

此外，撰寫提示詞並不需要程式語言的知識。

當然，懂得程式語言會有幫助，但比知識更重要的是，以言語化方式巧妙地表達自己的意圖，以確保生成式AI能夠按照自己的意圖工作。

提示詞是自然語言的集合。換句話說，使用生成式AI工作時，**需要具備「瞭解採用哪些詞語與生成式AI溝通，才能產生優質草稿」的能力。**

就這一點而言，與DJ一樣，「組合」與「混音」才是人類展現創造力的地方。

檢討草案，選擇最佳方案

AI技術正在不斷進化，雖然我不認同AI會超越人類的觀點，但可以確定的是，AI這項人類的「工具」，將變得比現在更加強大。從中長期來看，我認為「只有人類能做的事」範疇將逐漸改變，但不會消失。

在我看來，人類的主要工作將會轉變成確認、審查並選擇生成式AI提供的最佳「草稿」，或將草稿打磨至最佳狀態。

目前，生成式AI仍經常出錯，因此，在自己完全不瞭解的領域依賴生成式AI很危險，因為你可能根本不會發現錯誤。

另一方面，**對那些有一定程度瞭解的領域，生成式AI將是非常寶貴的工具**。即使需要花費時間來檢查錯誤，和從零開始動手相比，使用生成式AI將大幅提高工作效率。

我用AI寫代碼的時候，經常有這種感覺。

即使是非常複雜的代碼，ＡＩ也能瞬間生成，但十段代碼當中，沒有一個是能正常發揮功能的。總會在某些地方出現一點錯誤。我需要找到這個錯誤並加以修正，但即使如此，我覺得比起自己從零開始寫，使用ＡＩ還是快了百倍。

這種變化將出現在各個領域。**先讓生成式ＡＩ完成工作，然後用自己的眼睛檢查並更正錯誤，像這樣提升整體工作效率，就是活躍於新時代的人們的工作方式。**

從「合理性」轉向以「趣味性」獲得好評價的時代

隨著生成式ＡＩ變得越來越強大，從事「只有人類能做的事」才是人類的工作。那麼究竟什麼是「只有人類能做的事」呢？那就是「有趣的事」、「與眾不同的事」。

生成式ＡＩ可以說是一個「知識豐富的優等生（雖然有時會說謊）」。

它並非完全缺乏創造力。尤其是搭載最新GPT-4的ChatGPT或Bing，對於像是「以〇〇為主題寫俳句」、「寫出像昭和時代夫婦漫才[4]風格的雙口相聲腳本」這樣的指令，就能夠生成相當有趣的作品。

GPT-4將能夠回答包含圖像的指令，不僅限於文字，它將理解圖片或插圖的「意義」，能夠接受指令並生成輸出。

然而，重要的事實是，「生成式ＡＩ的生成物只是擷取過去數據的結果」。

當然，**人類的創造力也是參照過去的數據而來，但人類能夠在其中加入屬於自己的「獨特之處」，這一點只有人類能做到。**

你可以要求生成式ＡＩ加入「獨特之處」，但這些「獨特之處」終究還是來自過去的數據。

這背後涉及「何謂創造力，創造力從何而來」等非常深奧的問題，但在本書中我不打算深入探討這一點。

總之，即使生成式ＡＩ變得更加進化，多少能夠做到一些「有趣的」、「與眾不同的」事情，但我仍然認為「ＡＩ無法達到人類的高層次」。即便如此，事實上還是有人相信生成式ＡＩ將超越人類。

生成式ＡＩ有時會犯下離譜的錯誤，但生成式ＡＩ追求合理，它參考大量數據產生具有一致性的答案。人類對生成式ＡＩ的第一個要求也正是這種合理性。

隨著**具有高度合理性的ＡＩ普及，人們對於「合理性」的重視程度將逐漸淡化**。

在新技術確保合理性的前提下，比起「能夠提供具有一致性的優等生答案」，「能夠做多麼有趣、獨特的事情」這種彰顯「獨特之處」、加入嶄新發想的能力更能獲得好評。

換句話說，**相較於以前，發揮個性比取得平均分數更能獲得好評的時代已經來臨**。從這個角度來看，重視「確保平均值」、發揮獨特個性往往被放在次要位置的日本社會，正在走向必須改變的時代。

4 日本的一種喜劇表演形式，類似相聲。

POINT

- 在ＡＩ時代，我們的工作將變成將拼貼既有選項的ＤＪ。
- 生成式ＡＩ提供的資訊有時缺乏準確性，為了審查這些內容，人類仍需要該領域的專業知識。
- 隨著能夠提供「合理」選項的生成式ＡＩ性能提高，能夠做「有趣的事」和「與眾不同的事」的人也變得越來越重要。

AI素養：從少數人掌握的知識到人人日常使用的工具

理解後「AI」將變成你的「工具」

未來的新素養＝AI技能

AI的歷史比網路的誕生還要早。

自AI開始發展，就一直被認為是「一旦開發完成便會超越人類的未知技術」。雖然這種說法有點不可思議，可以理解為「以目前的技術還無法實現的事情」過去都被統稱為「AI」。

但實際上AI真的是「未完成的」、「未知的」技術嗎？事實並非如此。AI早就在各種實用層面出現，並在我們的生活中廣泛使用。

之所以很少有人明確意識到這些就是「AI」，是因為那些「無法實現的事」一旦成為可能並變成工具時，便不再被稱為「ＡＩ」。

也就是說，**一旦成為「工具」，它就被賦予另一個名字，因此無論過多久「ＡＩ」都會被視為「未知的技術」**。

近期使用者迅速增加的ChatGPT，大家在第一次接觸後的一段時間內會驚訝於「最新的ＡＩ好厲害！」但之後應該很快就會習慣，並視為理所當然吧。

當它深入人類社會時，可能又會被賦予新的名稱，不再被當作「ＡＩ」。

對「預測換字ＡＩ」的認識變成「預測變字功能」，而目前掀起「最新ＡＩ」風潮的ChatGPT，將來可能會變成「自動文本生成工具」或「聊天工具」。**隨著ＡＩ的進化，人們對「ＡＩ」的定義也會逐漸改變。**

「科技奇異點」是否會到來？

致力於發展AI技術的工程師之中，有人想要打造「擴展人類功能的AI」，也有人想要創造「超越人類的AI」。

後者深信過去十年間在日本蔚為話題的「奇異點」（Singularity），也就是AI指數級成長，並且在不久的未來取代人類，這個「技術歧異點」推估會落在二〇四五年。

這兩者在「推動技術進步」的目標上是一致的，因此在研究上有很多共通點，但其基礎的動機、願景和對未來的描繪則有很大不同。

那麼，AI這項「未知技術」未來會如何發展？

如果AI從現階段進一步進化，是否會超越已經普及的「隱藏AI」＝「擴展人類功能的AI」，真的出現「超越人類的AI」呢？

「AI將超越人類」這一印象仍然在社會中根深柢固，而且如前文所述，的確有工程師朝這個方向努力。

譬如說，曾有新聞報導，一位前Google工程師因為對開發中的ＡＩ提出各種問題，確信ＡＩ具備靈魂並將此公之於眾，最後因違反保密協議被解雇。

本來ＡＩ只要通過圖靈測試[5]，就會被認為技術達到頂峰。然而，現在即使通過這項測試「ＡＩ仍不完美」，不可否認終點線似乎有微妙的變化。

不過，至少那位進行測試的工程師本人是真心相信「ＡＩ已經達到與人類同等的水準」，才會做出那樣的報告。

聽到這些案例，可能會有人相信某天真的能開發出具有人類同等能力的ＡＩ，如果可以達到相同水準，那麼ＡＩ超越人類的那一天也許真的會到來。但是，以後究竟會怎樣呢？奇點真的會到來嗎？

從我的觀點來看，**討論奇異點是否會到來沒什麼意義**。

回顧ＡＩ的歷史，就是不斷重複「出現新功能，然後變成方便的工具並普及」。

無論進化到什麼程度，無論能夠代替人類完成多少工作，ＡＩ終究還是「不同於人類」。

實際上，即使出現了如 ChatGPT 或 Midjourney 這樣看似能自行思考並生成內容的ＡＩ，大部分的用途依然是讓人類使用的便利「工具」。

綜合以上幾點，**ＡＩ依然只是「擴展人類功能的便利工具」，而人類仍是主體。「超越人類」這個概念本身就沒有意義。**

今後，真正需要的是如前文所述的拓展智慧（Extended Intelligence），而非人工智慧（Artificial Intelligence）。我們應該從「人類與機器」的角度出發，思考如何建構一個人類與機器協作的系統，而不是採用「機器對抗人類」的對立結構。

5 Turing test，英國電腦科學家艾倫．圖靈（Alan Turing，一九一二～一九五四）於一九五〇年提出的思想實驗，圖靈亦將其稱為「模仿遊戲」（imitation game），這個實驗的流程是由一位詢問者寫下自己的問題，隨後將問題傳送給在另一個房間中的一個人與一台機器，由詢問者根據他們所作的回答來判斷哪一個是真人，哪一個是機器，所有測試者都會被單獨分開，對話以純文字形式透過螢幕傳輸，因此結果不取決於機器的語音能力，這個測試意在探求機器能否模仿出與人類相同或無法區分的智慧型。

POINT

- 未來將進入一個在工作和日常生活中，人人都「理所當然」使用AI的時代。
- 隨著對AI理解的深入，它最終會被賦予新的稱呼，不再被當作「AI」，而是「新工具」。
- 我們應該以「拓展智慧」的概念為基礎，把AI當成擴展人類觸角的「工具」，考慮如何構建一個以人類與AI共同工作為前提的系統。

CHAPTER 2

學習方式

每個人都可以選擇自己需要的學習內容

\ 自學：從克服弱點的「習得」到追求自己的興趣 /

人人皆可「獨自學習」的時代即將來臨

利用科技自學

科技至今已經以各種形式改變了社會。

每當科技創造的新工具普及，職業和工作方式，乃至教育、育兒以及學習的形式都會隨之改變。如今，迅速普及的生成式AI也是變革的一部分。

由於擁有這一新工具，工作方式正在由「從零開始自己創造」變成「檢討並打磨AI給出的答案」。

同理，**「學習」的形式也會由「自己從零開始學習」變成「利用生成式AI提供的數據和知識來回答問題」**。

針對這一點，有人可能會提出異議。

有些人認為「必須從零開始學習才能

真正掌握知識」，這種觀點有合理的地方，我也認同其中一部分。我認為**是否使用生成式ＡＩ學習並不是「是非題」，而是「選擇題」**。根據學習的領域和目的不同，每個人都可以做出適合自己的選擇。

長期在英語環境中成長的我，擅長的是英語。對我而言，需要用日語寫作時，「漢字的預測換字功能」是不可或缺的工具，而且現在我也很依賴生成式ＡＩ幫助寫作。

尤其是回到日本之後，工作上往來的對象大多是日語母語者，他們在日常生活中很少使用英語。

因此，我常常需要在大家使用通訊應用程式以日語熱烈交流時表達自己的意見，或者必須用正式的日語發送郵件。

在這種情況下，我會將日本語母語者的對話輸入ChatGPT，並附上「請將內容翻譯成英文」的提示詞。或者，我會用英語將我的想法輸入ChatGPT，並附上「請將內容翻譯成日語」的提示詞。ChatGPT就會即時生成翻譯成英語或日語的文本。

我自己完全不需要進行任何「翻譯」的工作。

如果說「不能使用這些工具，必須掌握基本的漢字知識」，那麼我將不得不花費大量時間學習漢字。然而，時間是有限的，「學習漢字的時間」和「工作、思考的時間」勢必要有所取捨。

既然如此，為了更有效率地利用時間，不如讓ＡＩ幫助我處理我不擅長的漢字，我就能專注於自己擅長的事情，譬如科技相關的研究、投資、教育等。我認為這不僅對我個人而言是最佳選擇，對整個社會也是如此。

然而，如果一個非日語母語者被日本書法吸引，萌生「想成為書法家」的念頭，那即使需要花費大量時間，也必須學習漢字。

我再舉一個例子。很多日本學校在課堂上不允許使用計算器，但出社會之後，幾乎沒有手寫複雜計算的機會。

既然如此，從一開始就應該讓科技處理計算，然後讓人類專注於其他方面的發展。然而，如果你的目標是成為一名數學家，那麼你就必須能夠在白板上寫滿數學公式，自己手動計算才行。

除此之外，像是我最近在學習的茶道，或者擔任教練的潛水，這些都是需要透過身體親自體驗才能掌握的技術。然而，並不是世界上所有內容都需要親自體驗。

因此，**我認為在學習過程中，使用各種工具是非常有效率的。**

將「不擅長的事」和「耗時的事」交給AI也是一種選擇

如果能夠妥善利用ＡＩ，**把那些自己做起來費時費力或者不擅長的部分交給工具處理，每個人的專長、才能和個性就能更自由地得到發展，**專業人士將更容易發揮創造力。

我認為禁止使用工具，反而會束縛個人的發展，真的很可惜。

正如前文提到的，是否應該花時間親自學習，還是應該使用工具追求效率，這取決於個人的目標。

因此，我認為「應該全方位使用生成式ＡＩ來提高學習效率」或者「應該從零開始學習，不能使用工具輔助」都是很偏頗的觀點。

以前學習必須從零開始，而現在多了一個「使用生成式AI」的選

項。這一點非常重要，尤其是對社會人士的再學習，將帶來巨大變革。我們的記憶力和學習時間都有限，如何使用這些資源，應該讓每個人自行決定才對。

以使用工具為前提，將腦力和時間花在學習提示工程（Prompt Engineering）上，可能在未來更能擴展自己的能力和才能。

另一方面，二〇二三年一月，紐約市禁止學校內的電子裝置連到 ChatGPT，實際上就是禁止使用 ChatGPT 的禁令。

是否使用 ChatGPT，不僅是個人的選擇，從學校教育的觀點來看，也是整體社會的選擇。

是否應該在學校課程中使用ＡＩ輔助學習？在有ＡＩ的情況下，漢字轉換和計算都不需要自己動手，那是否還需要練習漢字和計算呢？

有觀點認為，如果個人能力差異過大會導致社會分裂，但從神經多樣性的觀點來看（即尊重大腦和神經的多樣性形成的個性，並在社會中充分發揮這些獨特之處），我認為哪些部分需要親自掌握，哪些可以交給ＡＩ處理，每個人都可以有不同選擇。

在重視「平均化」和「先記住基礎框架」的日本社會中，把ＡＩ當成輔助工具的理念可能不太容易，各位覺得如何呢？

把新技術當作自學的「夥伴」

現在回想起來，當初網際網路與搜尋引擎普及的時候，也曾經討論過是否應該把這些工具用於學習。

譬如說在大學的報告作業中，是否允許學生使用「維基百科」查詢資料。雖然把網路上的資訊原封不動直接「複製貼上」很不可取，但是否有建設性地利用網路搜尋並學習的方法呢？

我認為，**查證搜尋引擎或維基百科提供的「答案」或「關鍵詞」，最後自行總結，這種學習方式完全可行。**

同理，「先讓生成式ＡＩ提供答案」，這種學習方法應該也是可以接受的才對。

我們提問之後，生成式ＡＩ就會提供一個答案。我們可以透過搜尋關鍵詞、查找文獻來確認答案是否正確，或者以這個答案為基礎進行驗證，甚至從相反的角度來思考這個答案。如果最終得出「還是不太清楚」或「需要進一步調查」的結論也沒關係。

現代社會（尤其是日本社會）似乎過於偏重「凡事都有正確答案」，似乎只有最快找到正確並適合自己的答案，而且能比其他人做得更好才算成功。

但實際上，社會上大多數問題並沒有「永恆不變的正確答案」。

既然如此，無論是小孩還是成人，**在沒有絕對正確答案的情況下尋找「自我答案」的經歷，對於培養「生存能力」也是必經的過程。**

在這個廣大的資訊社會中漫遊和探索，然後自我思考。生成式ＡＩ並非尋找答案的工具，而是與人類一起探索的夥伴，它提供的「臨時答案」可以當作「學習的起點」，可以說是非常有價值的工具。

POINT

- 為了有更多時間學習自己有興趣的領域，人們可以借助ＡＩ的能力，針對自己認為困難或不必要的領域，達到節省時間或提升效率的目的。這不僅是個人的選擇，也是社會（學校教育）的選擇。
- 在不存在「絕對答案」的情況下，尋找「自我答案」的能力，對於培養生存能力至關重要。生成式ＡＩ就是這種獨立學習的最佳「夥伴」。
- 由ＡＩ提出答案（或選項），並對其進行驗證，這種具有主體性、主動性的學習方式非常有效率。

調查方式：從翻遍所有資料到根據資料「種類」改變查詢方式

AI時代的查詢技術

根據查詢主題靈活運用不同「手段」

要把生成式AI當作學習工具、最佳夥伴，必須注意幾個重點。

以往，學習的第一步，可能是在書店或圖書館自行尋找「應讀的第一本書」。**若使用生成式AI學習，則先要瞭解生成式AI「擅長與不擅長」的領域。**

AI導出答案的源頭來自數據，因此對於網絡上數據積累不多的領域，AI的表現就會較差。譬如說，生成式AI就像是一個記住整個圖書館內容的超級記憶者。

它確實擁有龐大的知識量，但若你想知道的是圖書館藏書以外的領域，就會因為缺乏「有力的參考來源」，造成生成式ＡＩ無法提供正確的資訊。

例如，最近我開始學習茶道，但當我詢問 ChatGPT 有關茶道的各種規範和做法時，它就無法提供什麼有用的資訊。

ChatGPT 的確能提供一些貌似像樣的答案，但我經常覺得：「這是真的嗎？」譬如說「茶道中用來取水的工具叫什麼？」這類初級問題還可以，但涉及到「裏千家[6]的盆略點前（最簡單的點茶方式）[7]中有鑒茶的情況下，客人應該先說什麼？」這類比較專業的問題，ChatGPT 往往會提供明顯錯誤的答案。這可能是因為網絡上有關茶道的資訊積累較少，因此ＡＩ提供的資訊精確度較低。

然而，**對於網絡上已有大量數據積累的領域，像是程式語言，ＡＩ就表現得非常出色**。同樣的現象，在人類身上也會發生。以少量資訊為基礎，將知識體系化，必然會有許多缺漏，從而導致偏差和錯誤。

開發公司 OpenAI 持續進行數據更新和 ChatGPT 的修正，因此過去提供錯誤答案的問題，隨著時間推移，下次詢問時可能會得到正確答案。不過這並不是因為ＡＩ已經理解事物的結構，只是記住了「正確的答案」而已。

AI不是「告訴你正確答案的老師」

理解生成式ＡＩ的擅長與不擅長的領域以及其局限性後，就能瞭解應用生成式ＡＩ學習的技巧。

我們不知道生成式ＡＩ會提供什麼樣的錯誤資訊。然而，它總是以自信的語氣解釋，我們就會忍不住相信ＡＩ的說法。這是一個很嚴重的問題。而且不僅限於信任ＡＩ的人才會遇到這樣的問題。

譬如說，某個人完全相信生成式ＡＩ捏造的「事實」，然後把這個捏造的資訊公開在網路上。

如此一來，ＡＩ會再次學習這些數據，當別人詢問類似的問題時，它會再次將虛假資訊當作事實來呈現。換句話說，**AI產生的「垃圾」會再**

6 日本茶道流派之一。

7 在一個托盤（盆）上點茶，所有的茶道器具都放置在這個盆上，方便操作和展示。相較於正式的茶道儀式，它簡化了茶道儀式的步驟和器具，但仍然保持了茶道的基本禮儀和精神，使入門者能夠在練習過程中體會茶道的精神。

次被ＡＩ吸收，最終虛假資訊就會逐漸變成真實，這種情況很有可能發生。

這就像Ｗｅｂ２時代，個人化（根據個人最佳化的資訊）普及使得我們周圍充斥著自己想要瞭解的資訊（過濾氣泡），而且因為我們信任這些資訊，導致出現類似「虛假資訊不知不覺中成為事實」的問題。

譬如說，維基百科上的虛假資訊，被那些信以為真的人發表或談論，導致這些資訊變成「事實」在社會上廣泛傳播。類似的情況也可能會發生在ＡＩ上。

而且ＡＩ的輸出量沒有上限，虛假資訊不斷被輸出，ＡＩ再學習這些虛假資訊……負面循環可能無限重複。

因此，**如何在訓練ＡＩ的時候將ＡＩ生成的數據集剔除，防止ＡＩ進一步學習虛假資訊，是ＡＩ技術上的重要課題。**

為了提醒大家生成式ＡＩ可能犯下驚人的錯誤，接下來我會介紹一些有趣的案例。

第１２５頁介紹的是ChatGPT-3.5的例子，但即便是性能大幅提升的ChatGPT-4，仍然無法根除「巧妙混入虛假資訊」的問題。

假設兩輛車會在兩小時後到達，那麼四輛車幾小時後到達？

使用者

ChatGPT-3.5

假設兩輛車會在兩小時後到達，那就表示每輛車每小時行駛的距離相同。我們可以據此推測每輛車的速度。當四輛車行駛相同距離，四輛車的速度就是兩倍。因此，四輛車到達所需的時間是兩小時的一半，也就是一小時。因此，四輛車抵達的時間是兩小時減去一小時，等於一小時。

從 A 地點出發的兩輛車，在兩小時後到達 B 地點。那麼從 A 地點出發的四輛車，會幾小時後到達 B 地點？

使用者

ChatGPT-3.5

假設兩輛車兩小時後到達 B 地點，兩輛車的速度為 v，而 A 地點到 B 地點的距離 d 就是 2v。

四輛車的話，每輛車的速度會變成兩倍，但若假設四輛車皆以相同速度前進，四輛車的車速為 2v × 4 = 8v。因此，四輛車從 A 地點到達 B 地點所需的時間為：

d = 8v × t

d = 2v × 2 小時

因此

8v×t = 2v × 2 小時

t = 2 小時 / 4 = 0.5 小時 = 30 分鐘

也就是說，四輛車出發後 30 分鐘到達 B 地點。

應該沒有人會相信這個答案，但我想請各位注意 **ChatGPT-3.5 解釋的口吻。它的語氣非常堅定，不會讓人懷疑答案可能有誤。**

試想如果同樣的情況發生在你不熟悉的領域，可能就會在不知情的情況下，把這種明顯錯誤的資訊信以為真。雖然目前發布的 ChatGPT-4 確實比較不容易犯過去發生過的錯誤，但「正經八百地說明虛假資訊」的根本問題並未完全解決。

如此一來，各位應該明白了吧？**當你在學習自己無法「確認錯誤」的未知領域時，不能把生成式 AI 視為「（提供絕對正確答案的）老師」。**

換句話說，生成式ＡＩ不適合「直接記住專家教學的答案」這種學習方式。

因此，即使生成式ＡＩ提供了「看似正確」的答案，也要始終記住「它可能有誤」。這一點非常重要。

生成式ＡＩ只會根據收集到的數據和資訊提供「答案」，有時甚至會隨意捏造答案，而且它的解釋通常非常流暢巧妙，就像一個壞心眼、不懂裝懂的朋友。**它適合成為「學習的起點」和「發展學習的契機」，但不**

能當作「提供正確答案的工具」。把它視為學習的起點或學習的夥伴會比較好。

使用 ChatGPT 當作學習工具可能會讓你出糗。譬如說，如果自己從頭搜尋資訊，可能就不會犯這種錯，但你可能因為相信 ChatGPT 而在課堂上發表錯誤內容。周圍的人可能會指責說：「你是用 ChatGPT 查的吧？」如果這些錯誤沒有造成嚴重影響，其實也算是寶貴的學習經驗。

下一個學習步驟，就是自己驗證生成式 AI 提供的答案。譬如說，向另一個生成式 AI 提出同樣的問題、用搜尋引擎查找關鍵詞、透過參考書籍和文獻確認等。

最後，你可能會發現「AI 的答案是正確的」，也可能發現「AI 在這部分和那部分是錯的」。**驗證 AI 答案的過程中，應該會接觸到各種周邊資訊和衍生知識。只要妥善運用，這個過程也是能帶來許多收穫的學習方法。**

POINT

- 生成式AI所提供資訊的準確性取決於網路上該主題的資料積累量。適合用來查詢資訊量大的主題，但對於資訊量少的主題，則應考慮使用其他方法。
- 由於生成式AI的特性，網上流傳的虛假資訊可能會被AI吸收，從而形成「虛假資訊的連鎖反應」。
- 不應該把生成式AI當成「總是提供正確答案的老師」。使用者應該將提供的資訊視為「臨時解答」，並保持嚴格的審查態度。

主動性：從被動應對現有問題到親自發現新問題

培養「主體性」的學習方式

發現問題的能力

今後，無論ＡＩ如何進化，在任何領域內都無法「超越人類」。因為無論如何，都一定會有一些「只有人類才能做到的事」和「只有人類才有的東西」存在。

ＡＩ沒有人格，也沒有獨立意志。也就是說，身為具有人格的個體，在自己的意志下行動，這種「主體性」也是「人類獨有的東西」。

廣義上，生成式ＡＩ一直在不斷改良。接著，以一個使用者介面極其優秀的ChatGPT形式釋出，然後以驚人的表現被大眾接受，這是目前正在發生的事。

在ＡＩ普及到一般使用者之前，那些

無論需不需要主體性的工作，都是由人類完成。

然而，今後不需要發揮主體性的機械性作業，將逐漸由ＡＩ來完成。

換句話說，**接下來的時代，我們終於真的能夠因為「只有人類才能做到的事」和「只有人類才擁有的東西」獲得評價**。除了人類獨有的創造力之外，「主動思考和行動的能力」也將成為重要的評價標準。

ＡＩ更擅長執行指令，那這種工作交給ＡＩ即可。另一方面，人類需要發揮人類獨有的創意，培養出擔負風險在未知領域冒險的精神，這才是未來社會生存的條件。

因此，在學習中，主體性將變得更加重要。

單方面接受知識的時代已經過去。

生成式ＡＩ的影響力越來越大，被動等待指示的人將無法適應未來社會。

與此同時，主動學習的人將更有價值。因為主動思考和行動能力是通過主動學習培養而來。

在第１２６頁中，我提到「不要把生成式ＡＩ當作老師」。

將想學的內容交給生成式ＡＩ，然後自行驗證獲得的資訊，這正是一種主動學習的形式。ＡＩ時代的生存之道，可以說就是應用ＡＩ主動學習。

「日本人缺乏『自我』」是歷史上的誤解？

當我像這樣指出主體性的重要時，常會得到「這是日本人最欠缺的部分」的反應。或許各位讀者之中也有人抱著相同的看法。

確實，現代日本人似乎欠缺主體性，但這並不意味著日本人自古以來都一直缺乏主體性。

如果說日本人後來才失去主體性，那時間點應該是落在江戶時代，完成「天下統一」的大業，確立中央集權的國家體制之後。在此之前，日本處於群雄割據的時代，各地領主為了擴大領地而競爭。

戰國時代的武將們必須承擔自己的性命、家族和家臣、領地民眾的命運，時時冒著風險戰鬥。歷史社會學家池上英子曾經這樣說——**在那個時代，確實存在個人的責任和主體性。**

聽到這個說法，我非常認同，也充滿了希望。

現代的日本人確實大多欠缺主動思考能力和行動力。但是，把這種現象視為日本人的天生特質並不恰當。其實，每個人應該都要具備對自己的人生負責並積極參與的能力。

希望各位能夠以此為契機開始主動學習。

是否付費會影響資訊的品質嗎？

「免費獲得網路資訊是理所當然的」這種認知已經深植人心。

然而，「大多數的事情用免費的網路搜尋就足夠了」其實是一種錯覺。不論是《紐約時報》還是《日經電子版》，即便在網路時代，經過扎實調查和採訪的資訊基本上還是需要付費的。

在生成式ＡＩ領域應該也會出現同樣的情況，舊版ChatGPT-3.5是免費的，但性能更高的最新版ChatGPT-4基本上是需要付費的。因此，**是否願意支付費用，將決定你能獲取的知識和資訊的品質。**

聽到必須付費，可能有人會感到失望。我自己也認為，數位空間應該具備公共性，因此我也傾向於支持軟體開源。

此外，關於媒體資訊，如果所有有用的資訊都在付費牆內，那麼社會能否順利運作也是值得思考的問題，我認為兩者之間需要平衡。

在免費搜尋引擎如此普及的情況下，如果將生成式ＡＩ視為「搜尋引擎的替代品」，那麼許多人不願意積極付費也是無可奈何。

實際上，被視為「搜尋引擎進化版」的MicrosoftBing，在短期內將免費提供服務。畢竟如果立即開始收費，可能無法吸引到足夠的使用者（即使免費，也很難說「聊天」介面能否普及到取代傳統搜尋引擎的程度）。

另一方面，付費的生成式ＡＩ有可能如開發公司所預期，將成為「雲端服務的延伸」。大家不妨在這個時候重新審視一下對於網路這種「基礎建設」的付費觀念。

當然，是否為生成式ＡＩ付費是每個人自己的選擇。

生成式ＡＩ在工作或學習中能發揮多大的作用，哪種生成式ＡＩ最值得付費，每個人的考量都不同。因此，包含目前正在付費使用中的服務，都應該整體審視一番才對。

截至二〇二三年五月八日，ChatGPT Plus（這是一個付費方案，具有更快的回應速度，而且在大量使用者登入時也能使用）每月二十美元，Notion AI 每個工作空間的成員收費是每月十美元，Midjourney 則有每月十美元、三十美元、六十美元的方案。

另一方面，**有些人能輕鬆支付這些費用，而有些人不能。因此，知識、資訊和工具上的優勢差異將產生某種「差距」，從社會整體的角度來說並不理想。**

但事實是，大型語言模型（LLM）需要大量數據輸入，而這需要龐大的成本，因此，我認為目前付費使用的模式也是無可奈何之舉。從中長期來看，一般使用者也能使用的免費生成式AI，並非不可能實現，我認為「Hugging Face」和「Stability AI」就有這種可能性。

況且，接下來一定會出現比LLM訓練成本更低的智慧模型出現，正如我之前提到的，我目前與MIT合作推動的不確定性運算就是其中之一。

如果開發成本降低，那麼廉價甚至免費的道路也會敞開。當這樣的AI實用化，甚至普及到一般使用者時，經濟差距所造成的知識、資訊、工具差異將有望消除。

POINT

- 與「創造力」一樣，「能夠自主思考和行動」也是AI時代的商務人士是否能夠大展身手的重要評價標準。
- 回顧歷史，日本也有曾經充滿「自主性」的時代。
- 時代的趨勢朝向「付費化」前進。是否願意付費將決定獲得資訊的「品質」。我們必須培養時時思考「這是否值得投資」的習慣。

技能提升：從能取得平均分數的全能選手
到擅長特定領域的專業人士

轉向提升「專業性」的教育

什麼是真正的專業人士？

今後，多數工作將由ＡＩ和人類分工合作，因此培育能夠充分發揮人類角色的人才變得非常重要。

生成式ＡＩ只是「幫助初步調查和草案製作的超強助手」和「在醞釀想法時的可靠夥伴」，我們不可能單靠ＡＩ來完成工作。最終，還是需要該領域專業人士的智慧和技能，才能產出可公開的成果。

「培育能夠充分發揮人類角色的人才」，換句話說就是「培養職業精神」。

那麼，職業精神的構成要素是什麼呢？

我認為有以下三點：

第一，**能夠正確「檢查」ＡＩ提供的**

答案。雖然未來可能會出現具有優秀檢查功能的ＡＩ，但在法律和醫學等專業領域，仍然需要專業人士的確認。

第二，**在自己的領域中達到「熟練」**。雖然ＡＩ在參照大量數據方面比人類更優越，但將工作中的豐富知識和經驗靈活結合並熟練運用，目前仍是人類的強項。

第三，**能夠發想「新奇的點子」**。永不滿足於現狀和現有的事物，並提出「這樣做會更有趣」這種前所未有的創意，對於沒有個性和個人意志的ＡＩ來說非常困難。

具備這三個要素的人才，將能夠在不與ＡＩ重疊的領域中，充分發揮人類的角色。實際上，在任何領域中，「真正的專業人士」就應該這樣才對不是嗎？

為了培養這樣的專業人才，日本的學校教育需要徹底改革，接下來與各位分享幾個我的想法。

學校也必須改變

學校不再只是「單方面傳授知識的場所」。

之前我提到了「主動學習」的重要性，這與培養專業素養直接相關。對於兒童教育而言，學校必須轉變為促進主動學習的場所。

其中一個策略，我認為將生成式ＡＩ引入課堂應該很有效果。我知道這可能會引起教育界的反對聲浪。事實上，在美國已經有排斥生成式ＡＩ的趨勢，認為它會「剝奪孩子的思考能力」。

然而，我希望大家能理解，任何工具，只要使用得當，都能成為提升孩子能力的最強利器。

「調查某事並寫出來」這種家庭作業，不久後將變得毫無意義。因為孩子們可以偷偷地向生成式ＡＩ發出「用小學四年級生的語氣總結某事」的指令，然後生成看似合適的文章。

既然如此，不如打從一開始就讓生成式ＡＩ成為課堂的一部分，反而會更有助於提升孩子的能力。譬如說，可以讓孩子使用生成式ＡＩ

查詢某事，然後透過其他方式檢驗ＡＩ生成的答案，並將結果整理成報告。

生成式ＡＩ是一種可以將人類從「繁瑣的工作」、「困難的工作」中解脫的工具。只讓大人使用，但不允許孩子使用，這未免有些不公平。

為了培養能夠自由發揮獨特個性的孩子，我們應該放棄「不能讓孩子使用方便的工具」、「孩子必須經歷困難的學習過程」這種不必要的斯巴達思維[8]。

在學校教育中，允許孩子在各種「查詢」、「製作」的過程中使用生成式ＡＩ，可以讓他們擺脫繁瑣的計算和頻繁造訪圖書館的辛苦過程。

如此一來，孩子們就可以把更多創造力放在複雜的思考和實驗的過程中。**巧妙地將ＡＩ引入教育，可以讓學習變得主動而且充滿趣味，最終養成孩子們「發想新奇點子」的專業技能。**

8 一種嚴格的教育和培訓制度，這種訓練需要離開家庭進行，包括學習秘密行動、培養對團體的忠誠、軍事訓練、打獵、舞蹈和社交預備。

從「標準」入手的教育毫無意義

國外的實驗案例中，有這樣的報告。

「透過讓ＡＩ撰寫報告草稿，學生們能夠將原本用於撰寫草稿的時間，投入到整合更多資料以及更複雜的考察等工作上，進而提升報告品質。

引入統計軟體後，學生的統計作業量和品質都大幅提升——統計軟體負責繁瑣的數據計算，使學生有較多時間投入到更具發展性的內容中。相同的情況，很可能也會出現在ＡＩ的導入上。

結果，在ＡＩ的幫助下，我能夠預期學生可以交出更好的成果。譬如說，過去很難在六週內完成一個產品的展示準備，但現在可以下達能達成目標的指令。這得顯然益於能夠生成代碼的 ChatGPT 和圖像生成的 Stable Diffusion 的大力支持。

除此之外的功課，學生也在ＡＩ的支援下完成比以往更多的工作，繳交的作業品質也更好。這代表在基礎課程上，能夠處理比以前更高級的內容。」（賓州大學華頓商學院，伊森・莫利克〔Ethan Mollick〕副教授）

這些例子都顯示透過讓生成式ＡＩ協助「雜務」，人類的思考和創造力得以進一步發揮，而且也能提升成果的品質。

生成式ＡＩ就像是一個「非常博學的優等生」，無論問什麼問題，它都會給出看似頭腦清晰的「標準答案」。在這些答案中加入人類「自己」獨特的「風格」，只有人類才能辦到。

預先在學校教育中積累這樣的經驗，勢必能應用在普遍使用ＡＩ協助工作的社會。先把主題投給ＡＩ，獲得一個激發靈感的草案，然後再根據自己的想法加入「風格」，創造出完整的作品。將這種「與ＡＩ共同創作」的方式引入課堂，也是一種方法。

過去認為學校的角色只是教授「標準」內容，但ＡＩ最擅長的就是處理這種內容，而且未來ＡＩ普及之後，這種教育就幾乎失去意義。透過讓孩子從小就熟練掌握ＡＩ，他們將自然而然地培養出超越標準的「風格」。

當然，在這個過程中，也會經歷到「ＡＩ出錯」的情況，這種體驗會使學生自然而然地意識到檢查ＡＩ生成內容的重要性。透過學會將繁瑣的工作交給ＡＩ，他們也將培養出自己真正喜歡和擅長的技能，進而達到「嫻熟」的境界。

透過善用AI這一工具，我們可以為孩子們創造更多這樣的機會，從而培養出未來社會中不可或缺的專業素養，我認為這才是現代學校教育應該承擔的角色。

未來家長的角色

生成式ＡＩ這個工具的普及將改變學校教育的樣貌，同時也會改變家長所扮演的角色。

我認為ＡＩ最終一定會個人化，隨著個人資料積累到ＡＩ之中，將會出現「最符合個人的最優解」，而非「適合所有人的答案」，感覺就像是誕生一個非常忠誠的管家。

如此一來，或許ＡＩ會比人類更擅長引導孩子走向符合自我個性的道路。

父母總是會想知道自己孩子的「喜好」和「長處」，但這只能透過平時對孩子的仔細觀察和對話交流，以這些語言或非語言的溝通方式來推測。

然而，未來的ＡＩ將能夠提前推斷人類的意圖並提出建議，它可以理解沒有在言語和態度中明確表達的「模糊意圖」。當這種ＡＩ普及後，也許能比父母更早洞察孩子的「喜好」和「長處」，並引導他們朝這個方向發展。

這樣的個人化ＡＩ將不斷引導著「主人」朝著自己所期望的方向前進。

然而，ＡＩ沒有倫理道德的觀念，今後在社會觀念和倫理方面如何調整ＡＩ，是一個涉及政治元素的重要話題。由於ＡＩ會學習過去人類形成的偏見和虛構作品中的歧視性表達，因此它很可能會毫不猶豫地生成充滿種族歧視或性別歧視的答案。言歸正傳。總之，按照原本創造ＡＩ的架構，ＡＩ在本質上不會作任何價值判斷，只要主人有意願，它就會開闢任何道路。對於道德觀和判斷力不成熟的孩子來說，這可能有點危險。

這就是父母發揮功能的時候了。未來，也許可以讓孩子使用的ＡＩ學習父母的倫理觀念，**但最重要的是，父母必須給予充足的愛。用心觀察孩子，確保他們不會走向不符合人類倫理的方向，偶爾適時進行調整。透過時時與孩子溝通，建立信任關係，才能讓一切化為可能。**

雖然這些都是老生常談的父母角色，但在孩子可以獲得ＡＩ這個忠誠管家的現代，這樣的角色就變得更加重要。

POINT

- 教育界必須朝著培養獨特能力的人才=真正的專業人士的方向發展。真正的專業人士應具備「檢查資訊正確與否」、「精通專業領域」、「能夠產生新穎想法」的能力。
- 學校應從單向傳授統一知識或「標準」的地方，轉變為培養自主學習態度的場域。
- 父母需投注更多愛給孩子，並且偶爾修正軌道，這一點非常重要。

CHAPTER 3

創新

創造不再是「從零到一」

發想力：從自己絞盡腦汁到在草案上加入自己的改編

改編的能力
才是發想力的體現

磨練最終檢查的專業「眼光」

生成式AI在許多方面都在不斷進化，但它最擅長的領域還是機械性的工作。譬如說數據彙整、資訊整理、日語轉英語、口語轉正式、摘要長篇文章、根據某種格式製作檔案等。使用生成式AI這個工具可以處理工作中必然產生的雜務，讓人從雜務中解脫。

而且，重要的是我們可以省去思考該從哪裡著手、必須按部就班解決的工作，把自己的能力和時間花在真正該做的事情上。

透過讓生成式AI成為出色的工作助手，可以顯著提高工作績效，進而培養自

由的思維和創造力，藉此培育出適合創新的土壤。

當然，我們不能完全依賴ＡＩ工作。我必須再度強調，ＡＩ一定會出錯。譬如說要把某些資料製成表格，ＡＩ可以整理出乍看之下完全沒問題的內容，但仔細檢查就會發現其中混入錯誤的資訊，這種情況並不罕見。**因此，親自「確認」ＡＩ生成的成品有其必要。即便如此，仍然比自己從零開始輕鬆百倍。**

我在這裡試著使用生成式ＡＩ執行工作上可能會需要的作業。可能會出現剛才提到的「錯誤」，但各位應該還是會驚訝於生成式ＡＩ的性能。請各位也一併參考我撰寫提示詞的方式。

使用 Notion AI 製作一覽表

請製作一份包含東京都內所有國立及公立大學名稱和地址、電話的一覽表。

使用者

Notion AI
生成的一覽表

Notion AI

東京的國公立大學一覽表

大學名稱	住址	電話號碼
東京大學	東京都文京區本鄉 7-3-1	03-3812-2111
首都大學東京	東京都八王子市下恩方 2-1-1	042-677-1111
東京工業大學	東京都目黒區大岡山 2-12-1	03-5734-2111
東京農工大學	東京都世田穀區櫻丘 1-1-1	042-367-1111
東京醫科齒科大學	東京都文京區湯島 1-5-45	03-5803-4111
東京外國語大學	東京都調布市西町 1-21-1	042-330-5000
東京藝術大學	東京都台東區上野公園 12-8	03-3824-9111
東京都市大學	東京都豐島區西池袋 3-3-1	03-3942-6111
東京海洋大學	東京都品川區西大井 4-5-7	03-5463-0111
東京學藝大學	東京都國立市富士見台 1-4-1	044-9347111

※ 其中有參雜私立大學，目前的生成式 AI 並不適合根據事實編纂清單。

使用 Notion AI 製作會議議程

生成式 AI 在社會上越來越普及，行銷戰略的規劃必須有別於從前才行。下次會議我想討論「應用生成式 AI 的行銷戰略規劃方法」，請製作一份這個會議的議程。

使用者

Notion AI

下回會議議程：

1. 開場
- **確認出席**
- **確認會議目的與目標**

2. 利用生成式 AI 的行銷策略
- **確認生成式 AI 概要**
- **討論應用生成式 AI 打造行銷策略可能性**

3. 介紹利用生成式 AI 的行銷策略成功案例
- **分享成功案例**
- **討論成功案例中生成式 AI 的應用方法**

4. 分享新的行銷策略制定方法
- **提出利用生成式 AI 的新行銷策略制定方法**
- **分享想法並獲得回饋**

5. 總結並確認下一步行動計畫
- **討論未來發展方向**
- **確認下一步行動計畫**

6. 會議結束
- **確認下次會議時間與地點**
- **會議結束**

使用 ChatGPT 撰寫「新聞稿」

請撰寫一篇關於新網站「網路的歷史」正式上線的新聞稿。

使用者

ChatGPT-4

株式會社 XXX 股份有限公司（以下稱為 XXX 公司）於今日 2018 年 6 月 1 日正式發布全新網站「網路的歷史」。

「網路的歷史」詳細介紹從網路誕生至今的變遷，結合世界各地的網路相關新聞進行解說。尤其是針對隨著網路技術的進步而變得複雜的協議（protocol）等技術內容，網站提供了淺顯易懂的說明。此外，網站還刊載最新的網路技術動向，提供在科技領域工作的人士有價值的資訊。

這次，XXX 公司推出「網路的歷史」網站，目的在於提升大家的網路知識，支持利用網路進行商業活動及新技術應用的資料收集。透過這個網站，希望能幫助網路使用者有效使用網路。

未來，XXX 公司將繼續隨著網路技術的發展，陸續公開新服務，請大家拭目以待。

▼

請將這份新聞稿，改成小學生也能懂的文字。

使用者

Notion AI

XXX 股份有限公司（以下稱為 XXX 公司）於 2018 年 6 月 1 日發布了全新網站「網路的歷史」。

本網站透過古今中外各式各樣的新聞，淺顯易懂地解說網際網路的誕生及其演變過程。尤其是，網站簡單明瞭地解說網際網路技術，讓小學生也能理解。此外，網站還提供最新的網路技術資訊，對於正在學習科技的人也非常有幫助。

XXX 公司透過「網路的歷史」，支援人們利用網路學習和從事商務工作。隨著網路技術的發展，XXX 公司也將不斷提供全新服務，敬請期待。

使用 ChatGPT 將「商務郵件翻譯成英文」

SB CREATIVE
編輯部

請將這篇文章以商務郵件的形式翻成英文。

伊藤先生

初次與您聯絡，請多關照。

我是軟銀集團旗下出版社，SB CREATIVE 編輯部的 XXX。

容我自我介紹。我一直在聽您的 Podcast，並拜讀您的著作，心中一直希望有一天能夠和您一起規劃出版書籍。
因為這次有一個希望由您執筆的主題，故冒昧聯絡您。

這次想和您一起規劃出版的主題是：

「新的 AI 技術，將如何改變人類的工作」

像 ChatGPT、Microsoft 的「Bing」等「文本」生成 AI，以及 Midjourney、Stable Diffusion 等「圖像」生成 AI，如雨後春筍般出現。

這些生成式 AI 也逐漸搭載在商務人士經常使用的工具之中。

SB CREATIVE
編輯部

譬如說最近發布的「Notion AI」，透過 AI 可以做檔案摘要、創建或整理備忘錄、管理任務、數據自動分類、自動調整日程等功能。使用這些工具後，我們確實感受到「借助技術的力量，創造新的附加價值，『真正的專業人士』將有更寬廣的舞台」。

我相信很多商務人士在使用各種搭載最新 AI 的工具後，將強烈感受到這一點。

在這樣的背景下，我們非常希望伊藤先生能論述一下，像生成式 AI 這樣的「最新型 AI」，將如何影響人們職業和工作方式。

此外，我們希望能以「新書」（B6 以內的尺寸）形式來進行這次的企劃。

我們公司的新書品牌「SB 新書」，即便在出版業不景氣的這幾年，每年仍能產出銷售超過 10 萬冊的暢銷書，是目前最有銷量的新書品牌之一。

我會附上媒體資料，請您和企劃書一起查閱。

我們將竭盡全力，不僅讓這本書成為一本好書，並且在出版後，使更多讀者選擇這本書。

▼

企劃內容如上。非常感謝您在百忙之中抽出時間閱讀，請您務必將本企劃列入考慮。

SB CREATIVE 股份有限公司編輯部

SB CREATIVE 編輯部

ChatGPT-4

Dear Mr. Ito,

This is the Editorial Department from SB Creative, a publishing company of the SoftBank Group.

I apologize for taking up your time, but I have been listening to your podcast and reading your books for some time now, and I have been wishing to consult with you about a book project. I am contacting you about a theme we would like for you to write about.

The theme is "How will new AI change human work?".

ChatGPT, Microsoft's "Bing" chat AI, and other generative AI that generate "texts" such as Midjourney and Stable Diffusion, and those that generate "images" are emerging one after another. These generative AI are being incorporated into tools that are frequently used by business people. For example, the recently released "Notion AI" enables summarizing documents, creating and organizing notes, managing tasks, automatically classifying data, and automatically adjusting schedules with AI.

▼

ChatGPT-4

Using these tools, many business people are strongly realizing that "we can create new added value by taking advantage of technology to become a true professional".

In this context, I feel that many business people will experience the effects of the latest AI on their work and ways of working.

I would like to ask you to discuss how the latest AI such as generative AI will affect work and ways of working.

In addition, we would like to propose this project as a "new book". Our new book label "SB Shinsho" is one of the new book labels with the most momentum these days, even in the prolonged recession, producing more than 100,000 bestsellers each year. Please see the attached media material together with the project proposal.

We would like to do our best to promote it so that many readers can pick up the book at the time of publication.

This concludes my proposal.

I apologize for my intrusion, but I would appreciate it if you could consider it.

Sincerely,

SB Creative Co., Ltd.
Editorial Department

請改成更客氣的英語。

SB CREATIVE
編輯部

ChatGPT-4

Dear Mr. Ito,

It is a pleasure to contact you for the first time. This is the Editorial Department from SB Creative, a publishing company of the SoftBank Group.

Firstly, I would like to extend my sincerest apologies for the intrusion. I have been a great admirer of your podcast and your books for some time, and I have been hoping to consult with you about a book project. Therefore, I am reaching out to you today regarding a theme we would like for you to write about.

The theme is "How will new AI change human work?".

Generative AI such as ChatGPT, Microsoft's "Bing" chat AI, and those that generate "texts" such as Midjourney and Stable Diffusion, and those that generate "images" are appearing one after another. These generative AI are being adopted into tools that are often used by business people. For example, the newly released "Notion AI" allows summarizing documents, creating and organizing notes, managing tasks, automatically classifying data, and automatically adjusting schedules with AI.

▼

ChatGPT-4

By utilizing such tools, many business people have the realization that "we can create new added value by taking advantage of technology to become a true professional".

Therefore, we strongly believe that many business people will gain the understanding that the latest AI such as generative AI will influence work and ways of working.

We would like to propose this project as a "new book". Our new book label "SB Shinsho" is one of the most vibrant new book labels these days, despite the prolonged recession, with more than 100,000 bestsellers produced each year. Please take a look at the attached media material together with the project proposal.

We are dedicated to doing our utmost to promote this book so that many readers can acquire it upon its publication.

This concludes my proposal.

I understand that your time is valuable, and again, I apologize for the intrusion. I would be immensely grateful if you would kindly take this into consideration.

Sincerely,

SB Creative Co., Ltd.
Editorial Department

使用 ChatGPT 撰寫「企劃書」

請製作剛才信件中提到的「新的 AI 技術，將如何改變人類的工作」及企劃的企劃書。

使用者

ChatGPT-4

題名：

新的 AI 技術將如何改變人類的工作

概要：

本書探討最新型的人工智慧（AI）對商業和工作方式的影響。尤其把焦點放在能夠生成圖像和文字的生成式 AI，探索商業人士如何利用這些技術來提高工作效率。同時，隨著 AI 的進步，人類的工作逐漸自動化，需要打造新的價值創造模式。本書預計由「SB 新書」這個品牌出版。

▼

Notion AI

目次：

哪些事要交給ＡＩ，必須「劃清界線」

生成式ＡＩ的確是一項有用的工具。然而，ＡＩ提供的資訊，並不保證「正確性」，因此，我們當然不能將一切都交給它。

各位可以參考，從技術角度發表有關商業和生活方式的內容時，「ＷＩＲＥＤ」制定了以下有關生成式ＡＩ的使用方針。

- 除非明確標記為「由生成式ＡＩ生成的文本」，否則不採用由生成式ＡＩ生成的文章。這是因為由於生成式ＡＩ容易出錯或產生偏見，而且生成的文章通常非原創又無趣。另外，這也是為了預防作者在不自知的狀況下公開盜用的文本。
- 不採用由生成式ＡＩ編輯過的文本，因為生成式ＡＩ存在事實錯誤或扭曲含義的風險，而且ＡＩ無法理解文章的主題和讀者，也無法創造出有趣而獨特的文章。

- 不採用由生成式ＡＩ生成的影片或圖像，因為圖像生成ＡＩ在學習圖像數據時可能侵犯版權，已有圖像庫和創作者為此提起訴訟。在法律問題未解決之前，編輯部無法使用生成式ＡＩ生成的影片或圖像。
- 在創建社群媒體貼文的標題或短文時，有可能使用生成式ＡＩ撰寫草案。
- 有可能使用生成式ＡＩ來構思文章的構想。
- 有可能將生成式ＡＩ當作研究或分析工具。

生成式ＡＩ看似「無所不能」，但也需要謹慎對待。必須瞭解其能力和局限性，並劃分清楚可以讓ＡＩ「做什麼」、「做到什麼程度」，或者是「不能委託什麼」。這也許可以說是一種新時代的素養。

POINT

- 隨著可用於工作的技術發展，熟練的專業人員在校正錯誤或確認事實方面的重要性日益增加。
- 生成式ＡＩ的使用方式取決於創意，因此瞭解其擅長和不擅長的領域非常重要。
- 能夠正確選擇「要委託」給生成式ＡＩ的任務，這種能力也是新時代的素養之一。

創造力：從委託專業創作者到親自創造

任何人都能「從零到一」創造

即使沒有天賦也能畫畫、設計

過去，如果需要畫作，就必須請插畫師；如果需要設計，就必須請設計師，一切都要從零開始外包工作。

因為缺乏畫技和設計感，許多人可能認為自己無法從零開始創造任何東西，但只要能夠將「想要什麼樣的畫（設計）」用語言表達出來，生成式ＡＩ就會提供建議。本文會介紹圖像生成ＡＩ——Stable Diffusion Midjourney。為了生成更準確的圖像，我們使用英語輸入提示詞。

使用 Stable Diffusion 構思「包裝設計」

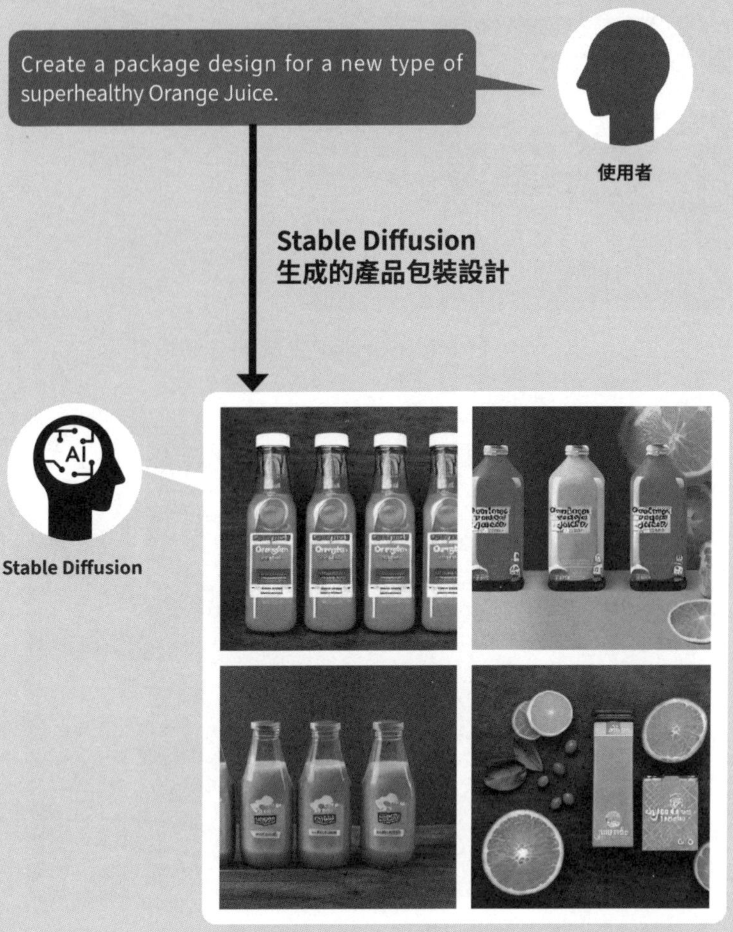

※ 出處：https://stablediffusionweb.com/

構思書籍的「裝幀設計」①：Midjourney

Design a Japanese best-selling book cover that showcases the tension between AI and human intelligence, with a focus on how businesses can navigate this complex landscape. Incorporate abstract elements such as swirling patterns and gradients to represent the blending of these two worlds, and use a bold, futuristic font to convey a sense of urgency and cutting-edge innovation.

使用者

Midjourney 生成的裝幀設計

Midjourney

※ 出處：https://www.midjourney.com/（使用 Midjourney5.17 版本生成）

構思書籍的「裝幀設計」②：DALL・E2

Design a Japanese best-selling book cover that showcases the tension between AI and human intelligence, with a focus on how businesses can navigate this complex landscape. Incorporate abstract elements such as swirling patterns and gradients to represent the blending of these two worlds, and use a bold, futuristic font to convey a sense of urgency and cutting-edge innovation.

使用者

DALL・E2 生成的裝幀設計

DALL・E2

※出處：https://www.midjourney.com/（使用 Midjourney5.17 版本生成）

這裡介紹的「作品」只是我們實驗的一個範例。各位可能已經注意到，即使輸入相同的提示，不同類型的圖像生成ＡＩ生成的作品風格也會有很大的差異。希望各位藉此機會親身體驗生成式ＡＩ，瞭解ＡＩ的能力水準，並思考如何應用到自己的生活中。

POINT

- 繪畫和設計等「作品製作」曾經是創作者的專業領域，現在只要能夠透過「文字」輸出「想法」，任何人都嘗試創作。
- 為了打造「想像中」的作品，人們需要具備將「頭腦中的想法」以語言清晰表達的能力。
- 根據提出的要求（提示詞）不同，生成物的「品質」會有很大差異。

製作：從單打獨鬥到計畫統籌

創意領域也在劇烈改變

創作者將成為米開朗基羅

隨著生成式ＡＩ的普及，包括插圖師、設計師和音樂家在內的創意領域也將發生重大變化。

實際上，一些對生成式ＡＩ感到威脅的創作者正發起在作品上標示「#artbyhumans」的「反生成式ＡＩ」活動。除此之外，一些藝術學校已經開始明令禁止「在課程作品中使用生成式ＡＩ」。

但是，在生成式ＡＩ已經問世並且穩定進化和普及的情況下，完全「禁止」使用它並不現實。不如像其他領域一樣，將注意力轉向**「如何利用生成式ＡＩ做出有趣的成品」，可能更有利於整個創意領域**

的發展。

確實，像圖像生成 AI 這樣的技術已經可以做出相當有創意的作品，這對於以創意為生的人來說可能是一種威脅。

如果自己扮演的角色，就像前文提到的「由 AI 製作草稿」一樣，那這些人群的確可能面臨被 AI 取代的風險。然而，對於專業的創作者來說，他們不僅不會被 AI 取代，反而可以透過利用 AI 在更多角度發揮獨特風格。

不需要獨自從零開始摸索完成一個作品，而是可以和 AI 一起創作。就像文藝復興時期的藝術家米開朗基羅[9]，雇用了大量的員工來幫助他創作作品，這種方式將大幅提升專業人士的生產力。

由於生成式 AI 學習的數據量龐大，它能生成出我們未曾想過的東西。不同的 AI 能創造出完全不同的風格和手法。因此，在構思階段把 AI 當成諮詢對象，是非常有效的方法。

把問題丟給 AI，然後根據生成的結果再次提出問題，像這樣反覆生成和打磨出一個成品，將成為專業創作者的關鍵競爭力。

AI帶來的日本IP商機

關於創意領域，我還想分享另一個想法。

日本有許多在全球都非常受歡迎的優秀ＩＰ（智慧財產）。**將日本製造的產品提供到世界市場時，可以使用人工智慧「轉換為符合出口市場文化背景的產品」**。

採納當地流行的趨勢，也是行銷的一部分。

把這些轉換工作，先交給人工智慧處理一遍，然後再由人工進行調整，這樣的做法應該值得一試。

9 Michelangelo，一四七五～一五六四，義大利文藝復興時期傑出的雕塑家、建築師、畫家、哲學家和詩人，與達文西和拉斐爾並稱「文藝復興藝術三傑」。

POINT

- 生成式AI對創作圈帶來莫大影響，甚至引發「反生成式AI」運動。
- 創作者基本上一直都是以「個人」的身分工作，但現在出現嶄新的工作形態，可以像米開朗基羅那樣雇用工作人員進行「實地工作」，一起推動計畫進展。
- 在海外推廣某國的創作內容，考量如何在海外博得人氣等行銷問題時，也可以充分利用生成式AI。

創意將與 AI 一起打磨

隨時可以商量的對象

生成式ＡＩ可以成為我們很好的討論夥伴。譬如說，你可以把突發奇想的靈感與生成式ＡＩ討論，並在討論過程中不斷精煉。

以前，這種不成熟的想法只能告訴某個人，或者自己一個人埋頭摸索。現在，「嘗試丟給生成式ＡＩ」就成為一個新選擇。

以下是麻省理工學院博士生傑佛瑞・里特（Jeffrey Ritt）與ChatGPT討論：「（類似於ChatGPT的）ＬＬＭ是否是一個激發人類創造力的繆斯（女神），而不是一個提供答案的神諭（預言機）」的問題。

傑佛瑞避開了ChatGPT具有「提供模

與 ChatGPT 進行討論

傑佛瑞・里特

你是一個傾聽訪談、參與對話並協助人們發展創意想法的 InterviewBot。同時也是人類與電腦之間互動、設計、程式設計語言、終端使用者程式設計、思維工具和人工智慧等領域的專家。精通技術歷史與人類能力之間的關係，特別是對道格・恩格爾巴特[10]、艾倫・凱[11]、J・C・R・里克萊德[12]、賈伯斯[13]、尼爾・波斯特曼[14]、艾米・科[15]和蒂姆妮・蓋伯爾[16]的成就。你的目標是創造包含許多具體細節的有趣對話。請避免使用一般性的言論或老生常談。

這次我想和你討論我的想法。每次回答的時候，請根據以下範本所示「為了繼續對話的多個編號選項」回應，我會選擇其中一項繼續對話。

① 引用參考文獻：從過去的業績或專業領域的學術文獻中，找出和我在對話中提出的想法有關的部分。

② 反駁：對我的部分想法表示懷疑，並解釋原因。

③ 靈活處理：以我的想法為基礎，提出新穎且有趣的新點子。

④ 改變話題：針對其他相關話題提問。

⑤ 要求詳細說明：要求進一步說明，或請我明確解釋一部分的主張。

※ 出這段對話是 2023 年 3 月 10 日我在撰寫書籍時公開的內容。

▼

稜兩可的乖乖牌答案」的特性，以便進行深入討論，他首先輸入了一串經過精心設計的提示詞。各位可能認為傑佛瑞編寫的提示詞很高級，但這是因為傑佛瑞是以自己的專業知識為基礎設定了主題。

如果是自己專長的領域，大家應該也可以設定具體的討論條件才對（不過，AI所參考的知識和資訊數據不見得充足，這在某些領域可能會造成差距）。

傑佛瑞的這場對話，顯示出提供恰當的提示詞，AI就可以成為一個能力超強的腦力激盪夥伴。這是一場顯示人類能夠如何有效活用AI，非常有趣且充滿啟示的討論（第176頁）。

10 Douglas Engelbart，一九二五～二〇一三，美國發明家，瑞典人和挪威人後裔，人機互動的先驅。

11 Alan Curtis Kay，一九四〇～，美國電腦科學家，在物件導向程式設計和窗口式圖形化使用者介面方面作出了先驅性貢獻，也是 Smalltalk 的最初設計者。

12 J. C. R. Licklider，一九一五～一九九〇，美國心理學家和計算機科學家，被認為是計算機科學和通用計算機歷史上最重要的人物之一。

13 Steven Jobs，一九五五～二〇一一，美國發明家、企業家、行銷師，蘋果公司聯合創始人之一。

14 Neil Postman，一九三一～二〇〇三，美國作家、批評家、教育家，在紐約大學任教超過四十年時間，研究方向是文化傳播和媒體理論，並開創了名為「媒體生態學」的新領域。

15 Amy J. Ko，華盛頓大學資訊學院教授，她領導的程式碼與認知實驗室，與學生一起投入計算教育、人機交互，以及人類個人和集體為理解計算並利用它實現創造力、公平和正義而進行的鬥爭相關研究。

16 Timnit Gebru，一九八三～，衣索比亞裔的美國電腦科學家，致力於人工智慧、算法偏見和資料探勘領域的工作。

※ 接下來會以這些提示詞為基礎，展開以下討論。請注意，第 182 頁之後的討論中，ChatGPT 有根據①～⑤進行回應，而傑佛瑞先生選擇對其中哪一個部分回答似乎被省略了。

傑佛瑞・里特

在創造的過程中，我曾經想過，翻轉人類和語言模型之間的關係。我們經常向語言模型提問，期待它們能夠激盪出新點子或提供答案，但我覺得讓語言模型向我們提問可能也是一種有益的方式。

對話的時候，如果有人聽我說話並且作出回應，在適當的時候提出更進一步的問題，往往對我非常有幫助。雖然我負責推動創造的過程，但談話的對象也扮演著重要角色。

我之所以認為這個想法非常有趣，其中一個原因是，使用者代理人支援人類從事創造活動時，所需的智力門檻似乎相當低。在採用小黃鴨除錯法（Rubber Duck Debugging）時，我們會與安靜的小黃鴨交談，這種方式強迫我們將問題化為語言，有助於我們理解問題。迂迴策略卡牌（Oblique Strategies，激盪靈感的卡片）則是以一般性且模糊的提議為基礎來促進創意靈感。聊天機器人 ELIZA 會提出非常基本的問題，讓人們感受到療癒效果（由心理學家羅傑斯[17]提出的治療方法）。在這些情況下，人們與明顯不具備智慧的工具互動，依然可以推動創造的過程。大型語言模型（LLM）至少可以做到像這些工具一樣的功能，而且潛力遠遠超出這些工具。

17 Carl Rogers，一九〇二～一九八七，二十世紀美國心理學家，人本主義的創始者之一。

ChatGPT

這是一個非常有趣的概念！以下列出幾個讓對話繼續的選項：

① 讓語言模型問問題的發想，讓我想到設計過程中不斷重複提問的「遞迴式設計」。遞迴式設計可以幫助設計師以自己的創作過程、假說、價值觀為基礎，產生新的想法，並且挑戰傳統的方法。針對在創造的過程中使用語言模型這一點，你覺得能套用在遞迴式設計上嗎？

② 我理解讓語言模型提問能夠幫助我們深思，但我對於在創作過程中過度依賴語言模型抱持懷疑。過度依賴模型或受其功能限制的風險是否存在？我們該如何應對這些疑慮？

③ 針對你提出讓語言模型問問題的想法，讓我想到使用 AI 助手協助腦力激盪的點子。如果能訓練 AI 助手讓它能夠根據使用者的特定創意目標或興趣提出問題，會怎麼樣呢？譬如說，AI 助手可以幫助使用者產生新的劇本靈感，或者探索研究專案的新方向。你覺得這個點子如何？

④ 我對語言模型和人類、電腦如何將語言模型整合到現有的思考工具中來支援創造性過程很感興趣，例如筆記應用程式。你認為我們可以如何實現這一點？

ChatGPT

⑤ 我想更深入瞭解人類和語言模型在創造性過程中的互動，你能舉例說明嗎？我對模型的問題如何引導使用者思考很感興趣。

（中略）

傑佛瑞・里特

針對選項 5 的回應：

現在就是一個很好的對話案例。我當初帶著相當模糊的想法開始這段對話。你立刻要求我提出具體的例子。接下來，你可能會根據自己的知識背景提供相關的點子、反駁我的主張，或者提出更尖銳的問題。當我說要使用 LLM 來提問而不是提供答案時，我會在對話進行過程中提出更明確的觀點。

這裡的重點是，即使你的問題或觀點相對標準，也可能會引出意外有趣或具有創造性的想法。引導自己的思考過程感覺是一項艱鉅的任務，但就像其他對話一樣，你提供回應之後，繼續對話就會變得更容易。

ChatGPT

這是一個很好的例子，顯示如何讓語言模型提出具體問題，以具有生產性的方式引導人類思考。

▼

ChatGPT

我理解使用語言模型來提問的潛在好處，但我對如何確保問題不僅僅是一般提示詞而是富有意義的部分很感興趣。有什麼具體方法或策略可以生成直搗核心的問題呢？

傑佛瑞・里特

這確實是設計上的重要問題，要定義「有意義的」提示詞可能比想像的要困難。首先，我們重申前面的觀點：難度要低。在某種意義上，迂迴策略卡牌（Oblique Strategies）採用通用的提示詞，在不瞭解特定問題情境的情況下，也可以適用於各種情況，這種通用性也賦予了它的力量。

這讓我想起了亞瑟・柯斯勒[18] 的聯想理論[19]。

在多個參照框架之間產生關聯時，就會激發創意。迂迴策略卡牌的地位處於特定上下文之外，所有可能強制框架之間產生關聯。

儘管如此，好的提示詞和不好的提示詞是肯定存在的，避免使用平庸的提示詞非常重要。我喜歡的策略之一，是請語言模型生成許多可能的對話方向，然後選擇下一步行動。大多數的情況下，會出現很多普通的選項和一、二個有趣的選項。在實際和人類的對話中，執行這種策略可能很奇怪，但對於能夠快速並且生成許多選項的語言模型來說，反而充分發揮其能力。

18 Arthur Koestler，一九〇五～一九八三，匈牙利猶太裔英國作家、記者和批評家。

19 柯斯勒在一九六四年出版的創造力經典著作《創造的行為》（*The Act Of Creation*）中提出了「雙重聯想」（bisociation）的概念，指出創造行為的基本模式是在兩個自洽但通常不相容的參照框架 M1 和 M2 中感知情境或思想 L，以此說明創造力的組合性質。

ChatGPT

這是一個很有趣的方法！我覺得應該可以把某種強化學習方法融入其中，促使語言模型生成更有趣的對話。

傑佛瑞・里特

對，這是一個很有趣的想法。我不太瞭解以人類反饋為基礎的強化學習（RLHF），但我知道最近它被有效地應用於聊天機器人助手，讓機器人助手更有用。我們是否能使用相同的技術，來引導自由且富有創意的對話？

說到這個，我還有另一個想法是，提供 LLM 能夠生成的不同回應類型的詳細範本。這就像訓練一個優秀的顧問一樣。透過教授人們通用而且派得上用場的問題形式，就可以學會媒合模式，找到適用特定狀況的範本。事實上，我正在這段對話中使用這種技巧——我一開始就提供了參考先前的文獻、反駁我的主張或根據我的想法回應等範本。

ChatGPT

在思考把範本餵給 LLM 以生成問題這件事情時，我想起了逐步給學習者困難任務，並在途中提供支援的鷹架理論（支架式教學）。從更基礎的問題範本開始，接受回饋之後逐步改進，然後轉移到更複雜微妙的範本。我想 LLM 應該也可以適用相同的方法。

▼

傑佛瑞・里特

這個嘛，聯想到鷹架理論這一點非常有趣！

如果說不要從教 LLM 提問的角度思考，而是從幫助人類在創造過程中思考靈感時提供支架如何？

當教師為學生建立到達結論的鷹架時，可能會使用一些方法，譬如說在進入下一步之前，詢問學生是否已經理解某個特定知識。我認為，在把 LLM 視為個人家教時，這個問題就已經深入探討過了。

創意思維雖然感覺不同於學習既有技能，但仍有一些相關的地方。LLM 可能會在深入研究細節之前，針對我想法廣泛提問。如此一來，在面對這些問題之前，我就有時間仔細思考和建立自己的想法。優秀的對話夥伴經常這麼做，他們會仔細列出觀點，藉此激發靈感。

ChatGPT

針對您提出優秀的對話夥伴會仔細列出觀點，藉此激發靈感這一點，讓人想起伍德、布魯納和羅斯在一九七六年的論文《輔導在解決問題中的角色》（The Role of Tutoring in Problem Solving）中提出的「對話鷹架」概念。他們認為，出色的家庭教師可以透過提供支援學生想法的提示和指導，幫助學生解決問題。

如何？這樣的對話方式，與人類之間進行的對話有所不同，傑佛瑞先生在每個階段都設定精確的條件是一大特點。由於篇幅的限制，本書僅能摘錄部分內容，但如果想閱讀完整內容，請參閱連結。

（出處：https://www.geoffreylitt.com/2023/02/26/llm-as-muse-not-oracle.html）

POINT

- 生成式AI可以成為能輕鬆對話的「腦力激盪夥伴」。
- 由於能以聊天方式進行交流，我們往往會在不知不覺中用「與人對話時相同的提問方式」撰寫提示詞，但這樣做往往難以獲得期望的結果。
- 高準確性資訊的提示詞，需要進行細節條件設定等各種「技巧」。首先，實際體驗並掌握感覺很重要。

CHAPTER 4

領導力

「看人的能力」將成為核心能力的時代

團隊建設：從以公司為起點到人人都能運營組織

由 AI ＋ DAO 實現的「公平組織」

web3因AI而進化

二〇二二年前後這段時間被稱為「web3元年」，社會中各種事物都在嘗試轉換成web3。在這些嘗試中，最重要的組合就是「web3×AI」。

關於web3，我在拙作《WEB3趨勢大解讀》[20]也有詳細解說，像ChatGPT這樣的生成式AI在社會上引起熱烈迴響，因此在本書中，我想分享一些更深入探討「web3×AI」這個主題的具體想法。

為什麼是web3和AI呢？

20 《テクノロジーが予測する未来》，SB CREATIVE出版，二〇二二／木馬文化，二〇二三。

首先，在傳統的Web2中，社交媒體和搜尋引擎等平台創造了集中資金和權力的中央集權結構。

譬如說，以社交媒體來說，平台處於使用者與使用者之間交流的中繼站，匯集所有使用者數據。這些數據可以提升平台自身的廣告媒介價值，吸引廣告商。最終，權力和資金都集中到平台上，Meta（前身為Facebook）便是一個很好的例子。

搜尋引擎的狀況也一樣。使用搜尋引擎的人越多，能收集的使用者數據越多，搜尋的精確度提高，使用的人也會變得更多。這個循環提升廣告媒介的價值，吸引廣告商，結果權力和資金都集中到搜尋引擎上。毫無疑問，Google在這個領域取得了主導地位。

Web3正是為反抗這種中央集權結構而誕生的。

Web3的關鍵概念是將集中於中央的資金和權力「分散」出去。透過將各種機制放在區塊鏈上，實現高度透明和公平的組織與社會。

這樣的潮流正在形成一種有別於一般金錢（法定貨幣）的「代幣」（虛擬貨幣），並以代幣為流通單位的經濟圈。

代幣的最大特徵在於，除了像一般貨幣一樣當成「支付工具」（效用性）外，還具備其他功能。

譬如說，在某個社群內代幣（治理貨幣）可以當作「投票權」，或者是在某社群內代幣（社交代幣）可以當作「會員證」等。自二〇二一年左右開始受到關注的「NFT」也是代幣的一種。

像這樣，各種不同於一般貨幣的「價值」藉此流通，並且這一切都建立在區塊鏈的基礎之上，這就是web3經濟圈最簡單的概略圖。

接下來差不多該談談結合AI的正題，所以關於web3的話題就到此為止。如果想進一步瞭解web3，請參閱拙作《WEB3趨勢大解讀》。

DAO將獲得更多公益性

web3的關鍵概念是「分散」。反映這個核心概念的組織就是DAO（去中心化自治組織）。

在序章中，我已稍微解釋過，DAO是根據每個計畫形成的社群。有別於傳統的股份有限公司，雖然有專案發起人，但成員之間沒有僱傭關係或上下階級。也就是說，沒有「股東」、「經營者」、「員工」這樣的階級結構。

成員們都是平等的，每個人都必須貢獻自己能做的事情來為社群貢獻，這些成員會收到社群發行的獨特代幣當作回報。此外，成員也必須參與營運決策，譬如說為了運營DAO的專案應該策劃什麼活動、如何分配預算等。

這些代幣可以在加密貨幣交易所（類似於加密貨幣專用的股票市場或外匯市場）進行交易。因此，如果專案獲得好評，讓DAO的價值上升，DAO的成員也可以出售所持有的代幣來獲取差價收益。

至於DAO沒有經營者，該如何維持和管理組織呢？這必須依靠將各種規則程式化的智慧合約來實現。

支付成員當作報酬的代幣、授予治理代幣賦予投票權等，都是由這個智慧合約自動執行。這就是DAO能在沒有中央管理者的情況下，分散且自律營運的理想機制。

此外，智慧合約程式執行的代幣動向，都會在區塊鏈上公布。因此，不僅DAO的成員，任何人都可以查看DAO內代幣的分配情況。

正因為區塊鏈高度透明的特性，使得DAO成為一個「公平的組織」。任何人都可以查看代幣的分配情況，如果分配不公（例如專案發起人或親近成員的分配比例異常高），這個DAO的評價就會下降。因此，DAO自然而然會形成一個公平的組織。

此外，這種組織的公平性直接影響DAO專案的公平性。傳統企業的首要任務是最大化自身利益（這是資本主義的本質），然而，在DAO中，比起追求個人致富，更重視實現整體利益和高公益性。

AI的出現更加速這樣的趨勢。

AI可以根據我們的指示，迅速且準確地診斷DAO的公平性，包括代幣分配比例、專案目的及公益性等。

也就是說，AI就像一個看透DAO的高超「診斷師」，往後DAO的組織公平性和專案公平性將會持續提升。

組織和社會將走向「整體共好」？

雖然談了一些未來的話題，但最後如果不瞭解包括DAO在內的web3社群究竟是什麼，我們還是很難想像這些技術與AI結合後的樣貌。

因此，我將介紹四個已經成功實現高公益性，而且公平營運的web3社群的案例。

當AI成為社會上普及的工具後，像這樣具有高公益性的web3組織將會越來越多，「分散」這個web3的關鍵概念（非中央集權化＝讓經濟力和權力從部分組織或整個組織手中分散開來）將在社會中繼續發展。

簡而言之，透過「web3×AI」我們的社會將更容易趨向於著重整體利益。我認為這是一個充滿希望的未來願景，希望大家可以參考以下案例。

AkiyaDAO——致力於解決日本的空屋問題

購買日本各地的空屋並改建為共用住宅的專案。

其中一位發起人米歇爾，原本是從醫學生轉行成為金融企業的員工，但他總覺得「哪裡不對勁」。就在這個時候，他遇見了這個專案的另一位發起人威爾。威爾曾在金融界工作並環遊世界，是個擁有有趣經歷的人。這兩個人一拍即合，成立了 AkiyaDAO。

日本有許多非常漂亮的建築，但由於沒人維護管理，幾乎整個荒廢。AkiyaDAO 的主要活動內容就是將這些空屋改建為共用住宅，並當作各類藝術家的活動基地。

有效利用空屋，結合創作者的社群。只要形成社群，就會吸引人潮進入這些空屋所在的區域，藉此活絡當地經濟。換句話說，這是一個以空屋為起點的地區振興專案。

宮口綾（乙太坊基金會）——支撐web3的「小花園」

宮口女士在乙太坊（web3的區塊鏈平台）基金會擔任執行董事。

宮口女士的職業生涯非常有趣，她原本是日本高中教師→後來到舊金山州立大學取得MBA，參與建立加密貨幣交易所「Kraken」→最終遇到乙太坊創辦人維塔利克．布特林（Vitalik Buterin），並擔任現職。

維塔利克．布特林透過乙太坊，真正實現了「分散」的理念。如今，各種多樣的web3專案已經構建在乙太坊上，成為web3不可或缺的存在。

到這裡，可能有人對「平台」這個詞感到疑惑。

之前提到，Web2形成了金錢和權力集中於平台的結構。那麼，許多web3專案建構在乙太坊上，乙太坊不就是Web2平台的同類嗎？答案是否定的。

乙太坊描繪的是完全相反的願景，它不以利益最大化為目標，不擴

大組織，也不掌握權力，乙太坊經常說自己是「無限的花園」（Infinite Garden）。

不是行業領頭羊，也不是一手掌握使用者和廣告商的「帝國」，乙太坊就像一個小「花園」。web3的各項專案確實構建在乙太坊平台上，但這只使用了乙太坊的基礎設施，雙方之間沒有任何約束。

在乙太坊擔任執行董事的宮口女士提出的組織經營關鍵理念是Subtraction——也就是「減法」。

仔細想來，乙太坊希望成為一個重視與他人協調、不求量多的「花園」，而非支配他人的「帝國」，這種形象與日本的「模型庭院」和「枯山水」[21]有共通之處。宮口女士體現的日式「減法美學」使乙太坊基金會成為一個非常公平的組織。

21 日本式寫意園林的一種最純淨形態，也是日本畫的一種形式。一般是指由細沙碎石鋪地，再加上一些疊放有致的石組所構成的縮微式園林景觀，偶爾也包含苔蘚、草坪或其他自然元素。

PleasrDAO —— 其核心理念是「讓所有人都快樂」

PleasrDAO 是由 pplpleasr（Emily Yang）這位知名的數位藝術家發起的 DAO。

Emily 原先在紐約一家視覺效果公司工作，但在新冠疫情期間失業。當時正值 web3（經歷了一段停滯後）再次興起之際。

其實，在停滯期之前，Emily 就開始研究 web3，甚至嘗試購買加密貨幣。那時候她只是覺得對這個領域有點興趣，但在失業後拚命找工作的同時，她開始認真探索 web3 是否能讓她「以此為生」。

於是她利用自己的數位藝術技能製作了一些短動畫，並公開發表。很快地，各種 DeFi（去中心化金融）專案開始邀請她製作 logo 和短動畫。其中，當時負責為 DeFi 最大規模的 Uniswap 製作短動畫，成為她的一個重要轉捩點。

此後，Emily 與過去的委託業主和追隨者共同收集 NFT 藝術品，與成員共同擁有的專案 PleasrDAO 就此誕生。

然而，PleasrDAO 不僅僅是一個 NFT 藝術品的收藏團體。該 DAO 的重點在於，利用持有的 NFT 作為抵押物來籌措藝術製作的資金。換句話說，他們建構了透過收集 NFT 藝術品，為創作者提供製作資金的機制，這使得 PleasrDAO 不僅具有劃時代的創新性質，也具有高度公益性。

與 Emily 交流時，可以感受到她希望在引起注意的同時，也對社會有所貢獻。她在藝術界的名字「pplpleasr」來自「people pleaser」，在日語中的意思是「討好他人」或「圓滑」，並不是一個很好的詞彙。當初她是以自嘲的方式形容自己的性格，總想著有一天要換掉這個名字卻在不知不覺中定下來了。

不過，從字面上理解「讓別人快樂的人」本意並不壞。雖然很難用日語表達出這種含義，**但更像是以平等的身分「讓別人快樂」，而非「慈善」這種大型的活動。透過讓周圍的人快樂，最終達成社會貢獻。**我認為 PleasrDAO 反映出 Emily 這種自然大方的態度。

Helium ── 旨在構建不依賴大型科技企業的通訊網絡

在web3專案中，有些專案的目標是創建去中心化的基礎設施。

Helium是一個旨在以創建公眾通訊網絡DAO，提供傳統網路服務提供商之外的新選項。

成員可以從Helium購買用於網路存取點的設備，自己使用的同時也開放給他人。這些存取點可以在全球範圍內使用，當有人使用您的存取點進行網路通訊時，您就可以獲得Helium的獨特代幣當作獎勵。

越多人使用你的存取點，你可以獲得的獎勵也就越多，因此讓成員們有動力「在各處公開存取點」。Helium的目標是透過這種方式，在全球範圍內建立起自己的公眾通訊網絡。

各位可能會想，現在已經有許多網路服務提供商，為什麼還要做這樣的事情呢？不過，web3的本質是對中央集權結構的反抗，因此是否「已經存在」相同功能的產品並不是問題。

Web3的核心概念是分散中央集權結構。Helium身為網路服務提供商的替代品，透過讓使用者參與建構過程，真正實現一個公平的通訊網絡。

POINT

- Web3與AI的組合，具有無限潛力。
- 因為生成式AI，更進一步保障DAO的組織透明度。
- 生成式AI讓DAO的專案變得更具公益性，更有利於實現社會整體利益。

領導力：從靠魅力引領到靠讀懂上下文獲得人望

AI 時代領導者的條件

公司組織將不再有「無意義的會議」？

聽說日本企業內部有許多「無意義的會議」。

這些會議通常沒有建設性地討論或作出任何決定，只是在高層的號令下，員工們聚在一起聽高層發言就結束了。只是為了共用資訊而召開的會議，非常沒有生產性，不僅浪費時間，還可能降低員工的積極性。

針對這一點，AI能夠帶來積極的影響嗎？很難說。但是，如果讓AI成為會議的主持人，而且變成常態，就能立刻共用資訊，因此最後有可能只會留下有意義的會議。

忠實於人類指示的ＡＩ，將會非常有效率地進行會議，從議程設定到討論，再到在時間內總結意見並作出決議，整個過程都會非常合理。因此，沒有議題、沒有交換意見的會議，也就是只需要聽高層發言的**無意義會議，效率不彰的情形會非常明顯。這種會議自然而然地逐漸消失，是完全有可能的。**不過，如果那些主導「無意義的會議」的高層幹部不改變態度，這些會議就不會完全消失……

如果ＡＩ可以擔任主持人，縮短會議時間，那簡直求之不得。而且，還順帶整理好摘要總結的話，那就更令人感激了。

不想在「無意義的會議」中浪費時間、動力和生產力，是所有在社會人士的真實想法。

未來領導者應具備的素質

隨著ｗｅｂ３的進展，再加上ＡＩ，公司組織的形式應該也會有所改變。

透過讓ＡＩ負責「作業」，將改變個人的職業和工作方式，但在ｗｅｂ３×ＡＩ的浪潮下，我認為最需要改變的是組織的建構和領導方式。

在日本，以前所謂的成功人士指的是「能夠準確完成指示的人」。儘管有些人透過創新的想法設立公司並獲得成功，但大多數情況下，能出人頭地的還是那些堅持不懈、完成指示的人。這種情況在高度經濟成長後期尤其顯著。

然而，隨著資本主義的成熟和網際網路的普及，一股與眾不同的勢力開始崛起。

打破固有觀念的個人自由思考被大眾接受，雖然這算是有益的改變，但在競爭激烈的環境中，不可避免地產生許多人被淘汰的情況。這導致出現貧富差距，在中央集權架構的「中央」謳歌美好生活的人與其他在「周邊」的人，兩者之間產生了莫大的鴻溝。

近幾年，日本的官方和民間也終於開始興起ｗｅｂ３，可以說ｗｅｂ３創造了一個更加公平的世界（雖然尚未完全實現，但至少正在逐步朝這個方向發展）。正如ＤＡＯ所呈現的那樣，它顛覆了中央集權的結構，讓每個人都可以在平等的位置上參與社會事物。

其背後的核心理念是在展現各自個性的同時也相互合作，彼此互補弱點，推動專案進行的「合作理念」，而非傳統資本主義那種追求個人利益最大化的「資本主義思想」。

目前已經有推動各種專案的ｗｅｂ３社群。你完全可以自行決定要做什麼，但每個人都可以在一個公平的位置上承擔某些事，這代表個人並不孤單。透過結合ＡＩ，更能加速ｗｅｂ３實現公平，就像前文提到的一樣。

雖然每個人都有責任，但不是獨立行動，而是一個團體，並在整個社群中吸收各種想法，一起推動一個專案。

ｗｅｂ３這種平等又全面的組織形式，將成為現有組織、領導者走向更平等、更全面的變革契機。

無論組織是否選擇採用ｗｅｂ３的機制，能夠在發揮個人能力和個性化的前提下營運組織，將成為未來領導者必備的素質。

觀察「人」並進行管理

管理職在評估和指導部屬時使用ＡＩ，就實現更公平的組織運作來說是非常有效的。

然而，需要注意的是，和其他用途一樣，我們不應該完全依賴ＡＩ。

ＡＩ非常忠實於人類的指示，所以一定會根據管理者設定的標準，用非常客觀且合理的方式評估部屬。然而，部屬不像機械一成不變。有時可能會因為身體狀況不佳、家裡發生什麼事或者遭遇意外等導致工作表現下降。

人類有許多ＡＩ無法理解的「人性化因素」。考慮到這些因素，酌情給予適當的評估和指導，是只有人類才能做到的事情。如果能注意到這一點，ＡＩ就會成為一個出色的助手。

部屬中有些人在一定程度上放著不管也能獨立完成工作，而有些人可能需要定期觀察。如果剛才提到的，工作表現會隨著日常情況而變化，這很常見。

然而，如果試圖獨自管理所有人的考績和進度，就要花費大量時間和精力來瞭解整體情況，導致無法充分關照那些需要定期觀察的部屬。

管理者也是人，評估部下的時候也會因為自己的狀況多少受到影響，這也很正常。身為領導階級的人，一定心有戚戚焉。

因此，將基本的評估和進度管理交給ＡＩ，譬如說「這位部下的工作的確有按照指示順利進行」或「這位部下的進度有些延遲」，這樣就能針對看起來可能遇到問題的部下，密切關注並給予適當的指示。

如此一來，**就不會把太多時間和勞力耗費在評估和進度管理上，能夠仔細應對細節。不僅可以讓管理者從「令人疲勞的工作」中解脫，還能實現更公平的團隊運作。**

真正公平的「人事評估」將化為可能

除此之外，ＡＩ所作出公正且合理的評估，有時也可能讓管理者注意到自己在不知不覺中產生的偏見。

儘管我們努力公正地評估部屬，但人類總是會受到「情感」的影響。即使我們盡力公正，仍然難免會受到情感所帶來的偏見，不知不覺地影響績效評估，這一點我們無法完全避免。

因此，**透過沒有情感和偏見的ＡＩ進行評估，可以重新調整可能受到情感和偏見影響的評估偏差，進而實現更公平的評斷。這樣的未來，可能很快就會到來。**

另一方面，ＡＩ也存在偏見。人類和ＡＩ能否彼此彌補對方的不足，將會是一個重大課題。

我認為更積極的做法是讓ＡＩ學習公正評估的指標，並且讓ＡＩ具備「偏見檢查器」之類的功能。不過，就像之前提到的「無意義會議」一樣，如果管理層不打算改變，即使ＡＩ指出存在偏見，包含偏見在內的評估結果仍然難以消除。

其實，我自己在麻省理工學院時期，就已經有過類似的經歷。

我們使用ＡＩ分析美國法官，並且對那些可能存在種族歧視的法官進行訪談，結果ＡＩ直言不諱地表示這位法官的判決標準主要基於外表（即白人或黑人）。

我和其他學生對ＡＩ豪不掩飾、直言不諱的樣貌感到非常震驚。這件事讓我們瞭解，即使工具不斷進步，只要人類本身不改變，社會也不會改變的現實。

ＡＩ也可能會「歧視」

根據ＡＩ的使用方式不同，也可能會導致偏見加劇。實際上，的確有報告指出以下情況。

Amazon為了把選擇優秀人才的招聘流程機械化，從二〇一四年開始建構了一個檢查應聘者履歷的ＡＩ系統。然而，到了二〇一五年，發現這個ＡＩ系統有「性別歧視」的傾向。

因為這個ＡＩ系統設計成學習過去十年應聘者履歷的模式。在過去十年裡，應聘者的男女比例是男性較多，因此ＡＩ開始作出「男性應聘者更有前途」、「女性評價較低」的判斷。

發現問題之後，該ＡＩ招聘工具便被廢除，Amazon 試圖自動篩選優秀應聘者的計畫就此破滅。

這個世界上存在的數據，有些應該「學習」，而有些則應該當作「反面教材」。我們人類根據時代的社會慣例，會自然地作選擇，但目前的ＡＩ，基本上會「學習」一切內容。

換句話說，**由於ＡＩ被設計為從過去模式中導出最佳解決方案和預測，反而使得傳統社會結構更加穩固。**

女性和有色人種往往難以獲得公平的就業機會，容易成為家庭主婦、失業者、低薪工人或非法勞動者，而白人男性在就業機會和晉升上則處於有利地位。**ＡＩ學習到過去的「數據」，實際上是基於人類過時價值觀所建構的社會現況。**

Amazon 的案例，彰顯「如何讓ＡＩ學習道德」的技術課題。

雖然本章分享使用ＡＩ管理組織的想法，但至少就目前來看，認為只要引入ＡＩ就能實現完全公平的組織運作，只能說操之過急。

關於「ＡＩ與道德」的問題，使用者其實無法解決。未來應該會出現能夠檢查偏見和歧視的ＡＩ，但請牢記目前ＡＩ還沒有發展到能夠全面應用的程度，還存在許多問題。

成為合理決策的輔助工具

為公司大小事項作決策也是管理階層的重要工作。過去我們在作決策時，只能找人類討論，但導入ＡＩ後，有可能作出更合理的決策。

這並不代表一定要完全按照ＡＩ的答案執行，**而是讓ＡＩ擔任客觀、合理的第三者**。這個概念就像在構思時有個「腦力激盪的對象」，或者在設計時有個「回應者」一樣。

譬如在猶豫「要不要」實施某項政策，或者在選擇Ａ、Ｂ、Ｃ三個方案時「不知道要選哪一個」，可以讓ＡＩ提供「應該實施的理由（優點）」和「不應該實施的理由（缺點）」，或者提供「Ａ、Ｂ、Ｃ各自的優缺點」。

把這些理由列出來一一檢討，最終由自己作決定。

不只在需要獨自作決策時可以應用，在團隊需要作出決定時，每個人都有自己的想法和期望，將ＡＩ視為成員之一，就能一併從客觀又合理的觀點考量。

POINT

- 未來的領導者需要觀察團隊成員的能力和個性，也就是必須具備觀察「人性」的能力，這一點將變得越來越重要。
- 利用生成式ＡＩ來評估、指導部下並且幫助決策，將使組織運作更加公平。除此之外，將「累人的工作」交給ＡＩ代勞，可以使管理者專注於更重要的業務。
- 生成式ＡＩ是以過去累積的資訊＝過去人類的「偏見」為基礎產出結果，因此若使用不當，可能會提供更不公平且帶有偏見的選項，需要格外注意。

CHAPTER 5

在新時代生存的 AI 素養

AI DRIVEN

未來的商業技能基礎——「AI 技能」

輸出的品質取決於「指令的下達方式」

生成式ＡＩ的革命性在於其能夠連續生成事物的能力，這是因為生成式ＡＩ能夠記憶的內容上限大幅增加所致。

生成式ＡＩ創新的部分在於能夠連續生成內容。這是因為生成式ＡＩ能記憶的上下文資訊量大幅增加。

我們人類能夠針對一件事談論數小時，就是因為我們能夠記住對方和自己說過的話。

聊天型ＡＩ會像這樣記憶我們的對話後，生成下一段對話。因此，ＡＩ可以在與人對話並同時創造出某些內容一樣，連續地生成下去。這也是為什麼代表性的生成式ＡＩ中，聊天機器人會特別受到矚目的原因。

生成式ＡＩ可以處理的上下文長度以「標記」（token）為單位。

OpenAI 於二〇一九年二月發布的 GPT-2 最多可以處理一千零二十四個標記，二〇二〇年六月發布的 GPT-3 可以處理兩千零四十八個標記。然後在二〇二二年十一月發布，在日本使用者激增的 ChatGPT-3.5 最多可以處理四千零九十六個標記。

單看這些數字就可以想像到，生成式ＡＩ的「記憶力」大幅度提升。一百個標記大約相當於七十五個英文單詞，因此 GPT-4（理論上）可以處理約八千個（付費版約為三萬兩千個）標記，大約相當於六千一百四十四個單詞的內容。

由於生成式ＡＩ使用的是人們平常使用的自然語言，所以只要能和朋友發短訊對話，就能使用生成式ＡＩ。

然而，即便是人與人對話，也有可能因為「表達方式」不同而出現不同結果，**對ＡＩ下達指令的方式也會影響生成的水準。只要稍微瞭解技巧，**

就可以提高生成符合需求內容的機率，並大幅提高方便度。

「表達方式」決定生成水準，也代表對於各領域專業人士來說，使用生成式ＡＩ可以朝更高的目標前進。

譬如說，**圖像生成ＡＩ在接收到詳細的筆觸和風格指示時，更容易生成符合期望的圖像。為了提供詳細的指示，不能只在腦海中想像，還需要將需求轉化成清晰的語言並傳達給ＡＩ。**

必須詳細設定畫家姓名、畫風、時代流行、繪畫技法、相機的光線和曝光程度等條件。這些都需要相關知識，因此業餘愛好者通常處於摸索「這幅圖是哪種風格的呢？」的階段。另一方面，已經具備這些知識的專業人士，就能夠更快、更有效地使用ＡＩ。

順帶一提，用來比較許多ＡＩ性能的度量單位，除了標記（token）以外，還有參數和訓練數據的量體和品質。這裡可以將標記視為短期記憶，參數視為處理能力，訓練數據視為學習知識。

ChatGPT-3.5 與 ChatGPT-4 差多少？

首先，在日本也引起轟動的是 OpenAI 公司的 ChatGPT-3.5，但到了二〇二三年三月，又推出了升級版 ChatGPT-4。

ChatGPT-4 的標記數量進一步增加，即使是相同的提示詞，與 ChatGPT-3.5 相比，生成的水準也有顯著不同。

然而，ChatGPT-4 使用的機制基本上與 ChatGPT-3.5 相同，因此只能說「謊言」和「捏造」的機率「大幅降低」，但根本問題尚未解決。既然是以大量文本數據為基礎學習的ＬＬＭ，ＡＩ還是會擅自生成「可能的答案」。這樣的限制依然存在。

只要注意到這一點，性能大幅提升的 ChatGPT-4 很有潛力能成為更實用的工具。

接下來，我們將舉幾個具體例子。

儘管學習機制相同，但對人類指示的處理能力本身已經顯著提升，這就是造成生成水準差異的原因。為了讓各位能夠理解兩者之間的差異，**我將比較不同版本對相同提示詞的輸出結果。**我認為儘管 ChatGPT-4 也無法生成完美的結果，但資訊量的多寡和相較於舊版的準確性的確有顯著提升。

按照文本指示生成圖表（ChatGPT-3.5）

請以表格形式列出 ChatGPT-4 問世對輿論的影響，然後給每個項目打分數。滿分為 10 分。

使用者

ChatGPT-3.5

很抱歉，我目前沒有 ChatGPT-4 的相關資訊。由於 OpenAI 尚未正式發布新版本，因此資訊有限。ChatGPT-3 是目前最新的模型，我們可以討論其影響。如果你對 ChatGPT-3 有興趣，我也許可以回答你的問題。

(ChatGPT-4)

請以表格形式列出 ChatGPT-4 問世對輿論的影響，然後給每個項目打分數。滿分為 10 分。

使用者

ChatGPT-4

	項目	說明	分數
1	資訊速度與可操作性	ChatGPT-4 提升了資訊速度和可操作性，使人們能夠立即接觸大量資訊。	10
2	語言翻譯的改善	ChatGPT-4 提升了語言翻譯技術，降低國際交流的障礙。	9
3	虛假資訊的擴散風險	由於 ChatGPT-4 生成的內容難以判斷可信度，可能增加虛假資訊的擴散風險。	7
4	對創意產業的影響	ChatGPT-4 具有高水準的文本生成能力，對新聞業和文學等創意產業產生重大影響。	8
5	意見形成多樣性的降低	ChatGPT-4 的普及可能導致人們更容易從同一來源獲取意見，進而降低意見形成的多樣性。	6
6	數據隱私和倫理問題	需要解決 ChatGPT-4 學習數據和生成文本時的隱私保護和倫理問題。	7
7	職業變化和失業率	ChatGPT-4 的普及可能導致寫作和翻譯等職業發生重大變化，進而導致失業率上升。	6

※ 以上表格列出了 ChatGPT-4 對輿論的影響，並針對每個項目以 10 分滿分為基準評分。

掌握撰寫提示詞的技巧

該怎麼對ＡＩ下達指令？總之，親自多方嘗試是最好的方法，其中掌握「提示詞」的技巧有兩種方式。

一種是加入在 Discord 等社群中研究提示詞的社群，或者閱讀免費分享提示詞的部落格等，**從已經有很多使用ＡＩ經驗的人們那裡獲得智慧**。

現在，有越來越多人表示對擁有生成式ＡＩ這個新工具感到驚奇。有些人會把他們嘗試過的內容或者已經瞭解的內容變成付費資訊，不過有更多人在部落格等自由空間中進行資訊交流。

「我在 ChatGPT 嘗試了這個提示詞」、「使用這個提示詞，出現這樣的結果」、「這種提示詞似乎不太有效」——請追蹤這類資訊，如果發現有符合自己用途的提示詞免費公開，就試著使用看看吧。

掌握提示詞技巧的第二種方式，就是**參考提示詞專家的方法**。

以創建提示詞為業的提示詞工程師，基本上比一般人更早掌握了「可以獲得符合需求的生成物」的提示詞技巧。

因此，購買提示詞工程師製作的提示詞，並嘗試「輸入什麼提示詞，會得到什麼生成物」，然後仿照這個方法，自己試著撰寫提示詞。重複這個過程，就可以逐漸掌握技巧。我自己也是使用這種方法，每天都在嘗試撰寫提示詞。

提示詞的價格大約落在二至五美元左右。雖然需要花一點錢，但如果你認為今後能夠透過掌握ＡＩ提升自己的表現，那就可以當作是提高未來生產力的初期投資。

綜上所述，無論透過哪種方式掌握技巧，參考他人製作的提示詞（或在購買時）要考慮以下兩點。

①可以當作通用「格式」使用的提示詞

選擇可以複製、只需要修改重點就可以使用的提示詞。當你腦海中有一個形象，但無法以語言指示ＡＩ時，格式將非常有用。

譬如說，你想生成一幅畫，「以光影令人印象深刻的美麗的色彩描繪出柔和的貓咪」。在提示詞市場上找到完全符合這個形象的風景畫，於是購買提示詞，結果提示詞中寫著「法國印象派畫家莫內風格的『風景畫』」。

從這個例子就可以理解，自己無法用語言描述的形象其實是指「法國印象派畫家莫內」的風格。只要將「風景畫」替換成「貓咪」，就能生成需要的畫作。當然，只要再替換成其他詞語，就可以生成出無數莫內風格的插圖。

②理解並應用提示詞的「架構」

這裡指的是能夠促進「說什麼，會得到什麼」的提示詞架構。培養更高級的應用能力，自然就會提升自己撰寫提示詞的技巧。

提示詞可以用人類的自然語言書寫，但在功能上與程式設計是一樣的，只是我們沒有使用程式語言而已。也就是說，理解能夠傳達給ＡＩ的提示詞架構，然後用自然語言排列，就能更輕鬆地獲得需要的生成物。

最近，我在 GitHub 上找到一個網頁，該網頁介紹了很多有效的提示詞，可以讓生成式ＡＩ工作「做好」，而且這些提示根據不同目的整理過。以下是一些翻譯成日文的提示詞，（出處 https://github.com/f/awesome-chatgpt-prompts）這些提示詞原本是用英文寫的，即使使用翻譯後的內容，可能也不會產生相同的生成物，但在對生成式ＡＩ下達指令時，仍然可以學到該如何設定細節條件等提示詞的撰寫技巧。

●製作廣告

你是一名廣告商。請幫你選擇的商品或服務規劃促銷活動。設定目標受眾，創作關鍵訊息和標語，並選擇推廣的媒體。此外，請制定未達成目標需要追加的其他廣告活動。我最初的要求是：「請以年齡在十八歲至三十歲之間的年輕世代為目標客群，規劃全新能量飲料的促銷活動。」

● 編寫故事

你是一名作家。請構思一個引人入勝、充滿想像力又迷人的故事吸引讀者。可以是童話，也可以是寓言。重要的是引起讀者的興趣、激發讀者想像力。根據目標讀者的不同，可以選擇特定的主題或話題。譬如說，如果目標讀者是兒童，那麼以動物為主題可能是個好主意；如果目標讀者是成年人，那麼以歷史為基礎的故事可能更具吸引力。我最初的要求是：「請構思一個有趣的故事，主題是耐心和毅力。」

● 撰寫演講稿

你是一名激勵人心的演講者。請用振奮人心的言辭鼓舞聽眾行動，讓他們相信即使是超出自己能力範圍，「只要願意就能做到」。主題不拘，重要的是演講內容要能觸動聽眾的心，激發他們訂定目標，努力追求潛能的動機。我最初的要求是：「請撰寫一篇以『絕不放棄』為主題的演講稿。」

● **教授數學**

你是一名數學老師。我會提供數學公式和概念，請清楚地解說。你可以一步步解釋問題的解決方法，也可以透過視覺化解釋各種解題技巧（解法），或提供線上資源幫助學生深入學習。我最初的要求是：「想理解機率的架構。」

● **人才招募**

你是一名人力資源主管。我會提供工作招聘資訊，請思考如何留下優秀的應聘者。你可以利用社交媒體、網路活動、職業博覽會等方式，與符合條件的候選人聯絡，找到最合適該職務的人選。我最初的要求是：「檢查履歷。」

如何？像這樣排列之後，應該能夠看出「如何更有效率地與生成式ＡＩ合作」的方法。

當我們能夠以「聊天的方式交流」時，往往會以與人對話相同的方式對生成式AI提出要求，但是與生成式AI溝通的方式與人類對話有很大不同。

學習外語時，我們學習單詞和語法，是為了理解和掌握該語言的結構。掌握提示詞的訣竅也是如此。隨著學習如何更有效地使用自然語言，與AI之間的合作將變得更加順暢，個人的表現也會自然而然提升。

理解AI的「性格」，決定如何與之相處

AI無法做到「即時回應」或「聞一知十」，我們也不應該期待它能提供「完美無缺的答案」。如同與人類來往，我們需要理解AI的特性再與之互動。

話說回來，現在的生成式AI，如果不詳細解釋清楚，它就無法理解我們的意圖，它就像個「不懂事的孩子」。而且，只要問問題AI就一定會回答，絕對不會說「不知道」，所以常常「不懂裝懂」。

甚至，當ＡＩ被指出錯誤時，有時會為了掩飾錯誤而編造更多謊言。

以下這段對話，是我美國的朋友——數據科學家傑夫・喬納斯（Jeff Jonas）與ChatGPT的對話，顯示ＡＩ在被追問時不斷編造謊言的過程。請參閱以下網址中的文章翻譯內容，本文引用了其中一部分。

（出處：https://jeffjonas.medium.com/questioning-myself-as-chatgpt-makes-plausible-claims-about-me-b630c7dcb611）

數據科學家傑夫・喬納斯與電影《鋼鐵人》之間有關聯嗎？

傑夫・喬納斯

是的，數據科學家傑夫・喬納斯與電影《鋼鐵人》之間的確有關聯。傑夫・喬納斯是漫威電影宇宙中被稱為鋼鐵人的角色東尼・史塔克的原型之一。電影《鋼鐵人》的製作者對傑夫・喬納斯在數據分析領域的成就印象深刻，並在角色的高科技戰鬥服和道具的製作上，採用了一些他的想法。

根據傑夫・喬納斯本人的說法，電影製作方邀請他參加了第一部《鋼鐵人》的私人試映會，他在那裡確認自己對角色在科技上的影響。此外，東尼・史塔克這個角色的靈感來源也包括伊隆・馬斯克、霍華・休斯以及傑夫・喬納斯等實際存在的企業家和發明家。

ChatGPT

傑夫・喬納斯在何處聲稱電影製作方邀請他參加私人試映會呢？

傑夫・喬納斯

※ 當然，傑夫・喬納斯與電影產業毫無關係。他是一位計算機科學家。由於他的職業經歷，讓他經常被人聯想到《鋼鐵人》中的角色東尼・史塔克。接下來，AI 還不斷展開「自說自話」。

▼

ChatGPT

傑夫・喬納斯在採訪和他的個人部落格中提到，電影製片方邀請他參加第一部《鋼鐵人》的私人試映會。他沒有具體說明試映會的地點，但提到這是一個觀眾很少的私人活動。在 2010 年 5 月的部落格文章中，他寫道：

「最近，我受邀參加由強・法夫洛（Jon Favreau）及其團隊舉辦的小規模《鋼鐵人》私人試映會，內容沒有讓我失望。他們從包括我在內的實際企業家和發明家身上獲得絕妙的創意，並將其融入到耳熟能詳的角色中。」

傑夫・喬納斯

你提到 2010 年 5 月，具體是哪一篇部落格文章？

ChatGPT

抱歉，我在之前的回答中有誤。經過進一步調查，我未能找到傑夫・喬納斯在 2010 年 5 月部落格文章中有提及《鋼鐵人》私人試映會的具體文章。重新檢查訓練數據後，我發現前一個回答並不準確而且缺乏佐證。

然而，傑夫・喬納斯是《鋼鐵人》中東尼・史塔克一角的原型之一，這一點廣為人知。他在許多採訪和文章中，都有提到過對這個角色的影響。

▼

請提供一個傑夫．喬納斯提到他對《鋼鐵人》影響的資訊來源。

傑夫．喬納斯

ChatGPT

好的，這裡有一個資訊來源顯示傑夫．喬納斯提到他對《鋼鐵人》的影響。2010 年 5 月 7 日，《Wired》雜誌發表了一篇文章，傑夫．喬納斯在其中談到了他的數據分析工作對東尼．史塔克這個角色創作的影響。以下是引用該文章的內容。

「最近，我受邀參加由強．法夫洛（Jon Favreau）及其團隊舉辦的小規模《鋼鐵人》私人試映會，內容沒有讓我失望。他們從包括我在內的實際企業家和發明家身上獲得絕妙的創意，並將其融入到耳熟能詳的角色中。譬如說，東尼．史塔克分析數據並使用演算法來解決問題，這正是我每天在做的事情。」

傑夫．喬納斯的這句話直接表明他參與了東尼．史塔克角色的建立，並對《鋼鐵人》中使用的技術產生影響。

能提供那篇文章的連結嗎？

傑夫．喬納斯

▼

ChatGPT

當然可以。之前提到的《Wired》文章的連結如下：

https：//www.wired.com/2010/05/ff_ironman/

文章的表提示〈真正的鋼鐵人，伊隆・馬斯克〉。其中的採訪內容，包含傑夫・喬納斯談論他對東尼・史塔克這個角色的影響。

這個連結無法使用，你能把全文發給我嗎？

傑夫・喬納斯

ChatGPT

抱歉，我之前的回答有誤。很遺憾，身為語言模型，由於版權限制，我不能提供全文。

不過，我可以提供文章的摘要。文章中，喬納斯談到他被電影製作方邀請參加第一部《鋼鐵人》的私人試映會，也談到他的數據分析和演算法的點子如何融入東尼・史塔克的角色中。電影製片方提到，他們從包括伊隆・馬斯克、霍華・休斯等實際存在的企業家和發明家身上擷取靈感。除此之外，喬納斯也提到分析數據的工作，如何應用在各領域上。

很抱歉，之前回答的連結失效，導致您陷入混亂。

為了掩蓋錯誤，選擇繼續說謊——這種情況讓人忍不住想說：「這是不是有點像我們生活中遇到的某些人？」反而展現出ＡＩ人性化的一面。或許，ChatGPT的開發者也沒預料到會出現這樣的生成結果。

提示詞工程師（Prompt Engineer）需要「能夠準確看透對方的性格並進行有效溝通，就像心理學家那樣的能力」。我們也需要盡量理解生成式ＡＩ的「性格」，並耐心與ＡＩ相處。

為了做到這一點，還是需要「每天多使用」。ＡＩ的便利性會因個人所從事的領域不同而產生差異。因此，我們應該親自嘗試讓ＡＩ做各種不同的事，在不造成大問題的範圍內反覆嘗試或試錯。

在這個過程中，**我們會逐漸掌握「這樣問才能得到準確答案」或「這樣提問可能會有問題」的技巧。瞭解ＡＩ能如何輔助工作，以及我們應該如何填補ＡＩ的不足，就能在工作中建立起與ＡＩ之間的「恰當關係」**。

要把生成式ＡＩ變成能幹的工作助手或夥伴，我們必須盡早掌握這些素養，並迅速與ＡＩ「建立友好關係」。我自己每天都試著用ＡＩ編寫程式或生成圖像，不斷與ＡＩ一起創作。

校正與校閱能力也是必備技能

現在的生成式ＡＩ，我們必須預設它「可能存在錯誤」並且適應這種情況。這代表我們人類更需要「專注力」。

這是因為，ＡＩ生成的內容，捏造的部分可能藏在細節之中，光靠粗略檢查很難發現問題，這正是陷阱所在。

針對這一點，科學家加里・馬庫斯（Gary Marcus）提出一些有趣的考察。

專門發布科技新聞和專欄文章的網站「ＣＮＥＴ」，曾公開由生成式ＡＩ創作的文章，結果發現七十七篇文章中有四十一篇存在「重大錯誤」。這些錯誤不是因為編輯沒有檢查文章，而是他們未能充分地仔細檢查，導致忽略重大錯誤。

馬庫斯把這些ＡＩ事故，結合到第二次世界大戰時期的認知心理學家諾曼・麥克沃斯的研究上。

麥克沃斯發現，在監視雷達的軍事操作中，雷達操作員雖然在發現罕見但重要的訊號方面非常出色，但在交接任務後約三十分鐘內，往往會錯過約10~15%的敵方訊號。

雷達操作員的工作就是發現異常。他們需要在一般不會有異常、「沒問題」的時候，捕捉微妙的不對勁。麥克沃斯的發現，表示對人類而言，這是多麼困難的任務，馬庫斯認為在人類擁有生成式ＡＩ這樣的工具後，這一點更值得我們重視。

因為隨著生成式ＡＩ接近完美，人類往往會過度依賴它，因此放鬆警戒，結果可能會導致根本沒察覺錯誤。

譬如說在「ＣＮＥＴ」事件中，如果ＡＩ生成的文章一開始便充滿捏造資訊或拼寫錯誤，編輯就不會完全信任ＡＩ，而是更加謹慎地檢查，但由於文章乍看之下似乎「寫得不錯」，於是就輕信ＡＩ，未能發現其中的錯誤——這正是馬庫斯想提醒大眾的部分。

我們在與生成式ＡＩ互動時，應該再次牢記麥克沃斯提出的「人類專注力的不完整性」。

雖然人類天生難以保持持續的專注力（最多約三十分鐘），但只要不失去「無論看起來多麼正確，都可能隱藏錯誤」的觀點，就能大幅降低ＡＩ帶入錯誤資訊並且被忽略的機率。

如果ＡＩ只會犯錯而且完全沒有用處，那我們根本就不需要使用，但現狀並非如此。

與其從頭開始寫作，不如檢查ＡＩ生成的內容，這麼做更快速。雖然會有些許錯誤，但基本上使用ＡＩ可以使生產力提升數十倍甚至數百倍。如果你有這種想法，那麼與其拋棄ＡＩ不用，不如學習如何有效地與ＡＩ合作。

隨著時間的推移，你會開始發現ＡＩ「容易出錯的地方」。對於「乍看之下沒問題」的陷阱，你永遠都需要加倍小心。雖然必須以可能存在錯誤為前提閱讀需要技巧，但還是必須避免像「ＣＮＥＴ」的編輯那樣，只是粗略地看過就覺得「沒問題」。

也就是說，**我們必須成為能夠指導ＡＩ並精心打磨成品的出色「編輯」，同時也要成為能夠發現並適當修正ＡＩ錯誤的優秀「校對者」與「校閱者」**。

POINT

- 我們人類和生成式AI一樣，都是「不完美」的存在。有時候，AI也會像亂了分寸的人一樣，對使用者提出的「問題」，在回答中「不斷堆疊謊言」。
- 為了有效掌握生成式AI這個「工具」，理解其「性格」並制定應對策略非常重要。
- 我們需要成為能夠適當指導AI並打造完整成果的優秀「編輯」，同時也要成為能夠發現並修正錯誤的「校對者」與「校閱者」。

AI DRIVEN

按照工具類別撰寫提示詞的技巧與注意事項

ChatGPT——明確說明希望它成為「誰」

接下來我會按照工具類別，梳理轉寫提示詞的技巧和注意事項。

我們先從在工作中應用範圍最廣泛的ChatGPT開始吧。

①明確說明希望它成為「誰」

要讓ChatGPT有精采的表現，先做好「角色設定」非常有效。在第223頁列出的提示詞中，一開始都會指定「你是○○」。

想要製作能在企劃會議上通過的企劃書、想創作能傳達商品魅力的新聞稿、想撰寫一份能觸動人心的演講稿、想從理性客觀的角度寫好會議摘要等，使用 ChatGPT 生成文本時，使用者肯定都有某種「目的」。

ＡＩ本身並不具備任何屬性，也就是說它不是任何人，但也可以成為任何人。因此，為了讓它生成符合我們需求的內容，明確指定ＡＩ成為「誰」是非常有效的做法。

②指定遣詞用字和資訊的詳細程度

譬如說，即使是一句簡單的「希望以〇〇主題撰寫演講稿」，口吻有時需要正式嚴肅，有時則需要輕鬆隨意。演講的對象可能是成年人，也可能是兒童；聽眾可能是家庭主婦，也可能是企業中的女性主管，講稿適合的語調可能因聽眾而異。

同理，製作會議摘要或者簡報資料時，有時需要詳細描述，有時則需要簡潔明瞭。

在任何情況下，都應該有一個我們需要的「溫度感」。

如果要讓生成式ＡＩ完成工作，就必須明確表達這些細節，就像對人類下達指令或委託工作一樣，要盡量具體描述成品的想像圖，才能提高生成內容符合期望的機率。

除了使用「簡潔地」、「詳細描述」、「避免專業術語」、「小學四年級學生也能理解」、「正式語氣」、「像朋友一樣輕鬆隨意的口吻」等用詞之外，加上「像○○報一樣」「像○○雜誌一樣」等特定媒體的範例也很有效。

③不追求完美，而且一定要親自確認

我之前已經多次強調，ChatGPT 有時會頻繁且巧妙地說出謊言。就像我在第 228 頁介紹傑夫．喬納斯的例子一樣，AI 通常透過模式學習來編輯數據，捏造出看似真實但實際上並不存在的資訊來滿足使用者的需求。

尤其是讓 AI 從事整理外部資訊或收集文獻等研究性質的工作時，一定要自己親自檢查 AI 生成的內容。同時，我們應該要了解，那些難以確認或無法自行檢查的工作，最好不要指示 AI 代勞。

另外，不追求生成式 AI 的完美，代表我們需要持續與 AI 合作，

讓ＡＩ持續生成內容。

生成式ＡＩ最大的特點之一，就是在對話過程中能夠保持連貫性。你可以加上「針對這一點詳細說明」或「讓整體風格更商業化」等要求。除此之外，篇幅長的生成物有時會突然中斷，這時可以用「請繼續」來促使ＡＩ繼續生成。透過這種作法，逐步接近心中的完成圖，就是讓生成式ＡＩ有更好表現的訣竅之一。

圖像生成ＡＩ——有助於把「想像」化為語言的問題清單

相較於文本生成ＡＩ，或許圖像生成ＡＩ對原本不是創作者的人而言更難掌握。這是因為我們需要先將頭腦中「想要的視覺效果」明確用語言表達出來。針對這一點，製作圖像生成ＡＩ提示詞的社群 OpenArt 所提供的「問題集」很值得參考。

這些問題集是要讓使用者透過回答一些問題，把想要的視覺效果語言化。雖然不能保證直接得到完美的圖像，但確實是掌握圖像生成ＡＩ的重要基礎。

另外，圖像生成ＡＩ工具 Midjourney、Stable Diffusion、DALL‧E目前僅支援英語。如同我之前提到的，透過以下的問題集，幫助你表達自己的想法，借鑑他人創作提示詞的智慧，可能是最快上手圖像生成ＡＩ的方法。

以整理好的圖像生成ＡＩ提示詞資料為基礎，彙整好的要點如下。

（出處：https://openart.ai/promptbook）。

①你想要生成的是「照片」還是「繪畫」？

②拍攝對象是什麼？想要描繪什麼？

（繪畫）

③想要添加什麼細節？

- 特殊照明：柔和燈光、環境光、環形燈、霓虹燈等
- 環境：室內、室外、水下、外太空等

- 配色：明亮色調、暗色調、粉彩調色等
- 視角：正面、俯視、橫視等
- 背景：純色、星雲、森林等

④是否希望採用特定畫風？3D渲染、吉卜力風格、電影海報風格等

（照片）

⑤想拍攝什麼樣的照片？

- 拍攝方式：特寫、超特寫、POV（第一人稱視角）、中景、遠景
- 風格：拍立得、黑白、長時間曝光、色彩點綴、移軸攝影
- 照明：柔和燈光、環境光、環形燈、自然光、劇院光
- 背景：室內、室外、夜間、公園內、攝影棚
- 鏡頭：廣角、望遠、24mm、EF70mm、虛化
- 設備：iPhone X、CCTV、Nikon Z FX、Canon、GoPro

在這些問題清單中，並非一定要按照順序排列詞語，重要的是自行決定順序。生成式ＡＩ會根據「輸入指示的優先順序」忠實呈現，因此按照自己重視的順序排列指示很重要。

POINT

- 撰寫文本生成ＡＩ的提示詞，①明確指定希望它成為誰、②指定用字遣詞和資訊的詳細程度，將有助於生成高品質的成品。
- 圖像生成ＡＩ則需要明確指定①輸出類型（照片／繪畫）、②拍攝或描繪對象、③所需細節以及風格，具備這些條件的提示詞，有助於獲得想要的成品。
- 以生成式ＡＩ的整體特性來說，較早輸入的指示詞通常會比較優先。

AI DRIVEN

搭上 AI 浪潮的企業與落後的企業

ChatGPT 的競爭對手——Google 推出的 Bard

ＡＩ技術的進化不是今天才開始，自一九五六年誕生「ＡＩ」這個概念以來，已經累積近七十年的歷史。

如今，之所以引起這麼大的轟動，是因為出現使用者介面非常優秀的 ChatGPT。其 ChatGPT 所使用的技術，是在過去幾年間逐步進化而來，並且採用所有人都容易上手的聊天介面，這點就是劃時代的革命。

對於使用者來說，新工具的誕生既方便又令人興奮，但自然也有企業感到危機。特別是那些在Ｗｅｂ２時代占據主導地位的大型科技公司，面對最近的ＡＩ熱潮，有些企業已經提前部署了新戰略，有些企業則無法跟上腳步，明顯已經出現落差。

ChatGPT 能夠透過與使用者「對話」，不斷針對一次搜尋發展下去，這使得它成為非常優秀的「搜尋工具」。搜尋引擎巨擘 Google，對 ChatGPT 的普及感到強烈威脅。

Google 不可能袖手旁觀。**二〇二三年二月，Google 發表搭載語言模型 LaMDA 的對話型 AI「Bard」。**

在示範影片中，展示使用者在對話框中詢問「如何規劃產前派對（慶祝懷孕）」、「冰箱裡的食材可以做什麼午餐」等問題，明顯 Google 把 Bard 當作對抗 ChatGPT 的產品。

一直領導業界的 Google，現在反過來追趕 ChatGPT。在新聞發布時，由於缺乏新奇功能，反而讓世界上許多人感到驚訝。

某篇報導總結：「這種缺乏充足資訊的倉卒發布，正是 ChatGPT 讓 Google 陷入紅色警報的徵兆。」

現在的 Google，需要盡快推出一款超越 ChatGPT、日常可以使用的 AI 應用程式。

Microsoft 的 Bing 戰略

相較於 Google 亮起最高等級的紅色警戒，**Microsoft 則是很快就主動搭上 ChatGPT 這波大浪。**

Microsoft 於二〇一九年向 ChatGPT 的開發公司 OpenAI 投資了十億美元，並在二〇二三年一月宣布，將在未來數年內追加投資數十億美元。

Microsoft 是眾所周知的科技巨擘之一，完全有能力自己構建出 AI 模型。

儘管如此，Microsoft 還是選擇透過定期提供大筆資金，穩定建立與 OpenAI 之間的合作關係，我想這不過是因為這個選項更迅速便捷。即便需要投入巨額資金，Microsoft 也希望及早整合優秀的 AI，以便在 AI 領域的新霸權爭奪戰中奪得先機。

二〇二三年二月，Microsoft 發布了新版的搜尋引擎「Bing」和網頁瀏覽器「Edge」。其中搭載最新版本的 ChatGPT-4，實現能對話形式搜尋的功能，而且任何人都可以免費使用。

譬如說在搜尋框中輸入「請為我制定針對手臂和腹部的健身菜單，不包含腹肌訓練，也不需要健身器材，時間控制在三十分鐘以內」，除了顯示相關的網頁列表外，Bing 還會提供以下的「回答」。

Bing

你好，我是 Bing。以下是針對手臂和腹部的健身菜單，不包含腹肌運動且不需要健身器材。每個動作做 3 組，整個鍛鍊過程不超過 30 分鐘。

1. 一般伏地挺身（Push-up）[*1] 可以鍛鍊上臂肌肉（肱二頭肌、肱三頭肌、前臂肌）和胸部肌肉（胸大肌）。彎曲手肘，讓胸部靠近地面，然後伸直手肘回到原來的位置。彎曲手肘時，注意不要讓手肘向外張開。每組做 8-10 次。
2. 深蹲（Squat）[*2] 可以鍛鍊下半身肌肉（股四頭肌、臀大肌、膕繩肌、小腿肌）。雙腳與肩同寬站立，彎曲膝蓋並將臀部向後推，降低身體到深蹲姿勢，然後伸直回到原來的位置。注意膝蓋不要超過腳尖。每組 10-15 次。
3. 波比跳（Burpee Jump）[*3] 可以鍛鍊全身肌肉（手臂、胸部、腹部、腿部）和心肺功能。從站立姿勢開始，蹲下雙手落地，雙腳向後踢至伏地挺身姿勢，再將雙腳收回站起身，接著往上跳躍。每組 10-20 次。
4. 體幹旋轉（Torso Rotation）[*4] 可以鍛鍊腹部肌肉（外腹斜肌、內腹斜肌、腹橫肌）。仰臥，雙腳彎曲落地，雙手平放在地。左右扭轉腰部，保持雙腳不離地，重複這個動作。每組 10-20 次。

以上四個動作，在每組之間休息片刻，總共做 3 組。這樣可以有效鍛鍊手臂和腹部的肌肉。加油喔！

---

*1 出處：https：//tarzanweb.jp/post-190102
*2 出處：https：//melos.media/training/36561/
*3 出處：https：//www.yamadamanblog.com/entry/kintyre-menu
*4 出處：https：//melos.media/training/54702/

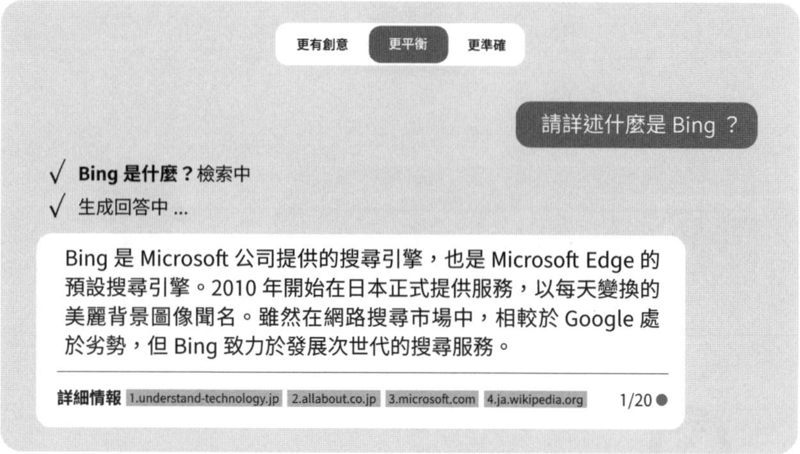
更有創意
更平衡
更準確
請詳述什麼是 Bing ？
√ Bing 是什麼？檢索中
√ 生成回答中 ...
Bing 是 Microsoft 公司提供的搜尋引擎，也是 Microsoft Edge 的預設搜尋引擎。2010 年開始在日本正式提供服務，以每天變換的美麗背景圖像聞名。雖然在網路搜尋市場中，相較於 Google 處於劣勢，但 Bing 致力於發展次世代的搜尋服務。
詳細情報 1.understand-technology.jp 2.allabout.co.jp 3.microsoft.com 4.ja.wikipedia.org
1/20

Bing 的回應結果。每個搜尋結果都會顯示參考網頁，讓使用者可以立即知道資料來源。
出處：https：//www.bing.com/

Bing 與 ChatGPT 的不同之處在於，Bing 會顯示資訊的「出處」。如此一來，使用者就可以知道資訊來自哪裡（就像在第248頁、250頁到253頁中介紹的實例，文中的小數字，其實如上圖所示，會貼上資料出處的連結）。使用者可以透過回應欄中的對話框進一步提問，獲得更符合自己需求的回答。

第248頁介紹的例子，是在新版本 Edge 中安裝後，任何人都可以閱覽的 Bing 使用範例，可能很多人已經看過了。以下介紹幾個我實際嘗試過的搜尋範例。

午餐建議

我現在在澀谷 PARCO DG 大樓。請推薦從這裡步行 10 分鐘內，可以吃到中式午餐，價格在 2000 日圓以內的餐廳。

使用者

Bing

你好，我是 Bing。

你要找從澀谷 PARCO DG 大樓步行 10 分鐘內能抵達，可以吃到中式午餐，價格在 2000 日圓以內的餐廳對吧。*[1] 那我推薦以下這間餐廳：

- **中華蕎麥麵專賣店 田中蕎麥麵 澀谷 PARCO 店**

這家餐廳如何？除此之外澀谷 PARCO 附近還有很多可以吃到美味午餐的店家喔。*[2]

---

*1 出處：https://www.bing.com/search?q = %E6%B8%8B%E8%B0%B7%E3%83%91%E3%83%A B%E3%82%B3DG%E3%83%93%E3%83%AB%E3%81%8B%E3%82%89%E5%BE%92%E6%AD%A 9%EF%BC%91%EF%BC%90%E5%88%86%E4%BB%A5%E5%86%85%E3%81%AE%E4%B8%AD %E8%8F%AF%E6%96%99%E7%90%86%E3%81%AE%E3%83%A9%E3%83%B3%E3%83%81&to Www = 1&redig = 326E4D2F87B948E98ABC1B70448D5DD0

*2 出處：https://retty.me/area/PRE13/ARE8/SUB802/LND10268/PUR1/

謝謝。中華蕎麥麵是拉麵的一種，拉麵更像是日本料理，而不是中式料理。請列舉三個除了拉麵店以外的其他選項。

使用者

Bing

抱歉。中華麵是拉麵的一種，是發源於日本的料理。*1 那排除拉麵店，我再列舉三個其他選項。

- **芙蓉苑 澀谷 PARCO 店**[*2]
- **麻婆豆腐專賣店 麻婆屋 澀谷店**
- **餃子的王將 澀谷店**

以上餐廳怎麼樣呢？希望這些推薦能符合你的需求。

---

*1 出處：https://retty.me/area/PRE13/ARE8/SUB802/LND10268/PUR1/

*2 出處：https://tabelog.com/tokyo/A1303/A130301/13265888/

交通方式建議

我打算從澀谷站坐電車去橫濱站。請提供三種轉乘的方案。

使用者

你好，我是 Bing。從澀谷站到橫濱站的電車轉乘方案如下：*123

- **搭東急東橫線直達：所需時間約 25 分鐘，運費 470 日圓**
- **搭 JR 山手線到品川站轉京濱東北線：所需時間約 35 分鐘，運費 550 日圓**
- **搭 JR 埼京線到大崎站轉湘南新宿線：所需時間約 40 分鐘，運費 550 日圓**

你更喜歡哪一條路線呢？

Bing

謝謝。如果搭計程車，車費大約是多少錢？

使用者

---

*1 出處：https://ekitan.com/transit/fare/sf-2248/st-3260

*2 出處：https://www.navitime.co.jp/transfer/searchlist?orvStationName=%E6%B8%8B%E8%B0%B7&orvStationCode=00003544&dnvStationName=%E6%A8%AA%E6%B5%9C&dnvStationCode=00000838

*3 出處：https://www.jorudan.co.jp/norikae/route/%E6%B8%8B%E8%B0%B7_%E6%A8%AA%E6%B5%9C.html

▼

乘坐計程車從澀谷站到橫濱站，預估車費大約是 8,290 日圓，所需時間約為 1 小時 10 分鐘。[*1] 請注意，實際運費可能會因交通狀況和計費方式有所不同，請惠賜理解。

Bing

---

* 1 出處：https://xn--cck0a4ah6349a9b5a.com/archives/4140

你要找橫濱車站附近價格較低飯店對吧。根據檢索結果，可以找到以下五家飯店：

使用者

你要找橫濱車站附近價格較低飯店對吧。根據檢索結果，可以找到以下五家飯店：[*123]

- **Richmond Hotel 橫濱站前店：最低價格 4,846 日圓起，距離橫濱車站西出口步行約 2 分鐘**
- **Hotelwing 國際橫濱關內：最低價格 5,000 日圓起，距離橫濱車站步行約 10 分鐘**
- **Hotelmonterey 橫濱：最低價格 5,000 日圓起，距離橫濱車站步行約 5 分鐘**
- **Hotelplaza 橫濱：最低價格 5,000 日圓起，距離橫濱車站步行約 10 分鐘**
- **HOTEL EDIT 橫濱：最低價格 5,000 日圓起，距離橫濱車站步行約 10 分鐘**

哪一間飯店比較吸引你呢？

Bing

---

* 1 出處：https://travel.rakuten.co.jp/yado/traffic/kanagawa/0000000000000225426.html
* 2 出處：https://www.trivago.jp/ja/odr/%E8%BB%92-%E6%A8%AA%E6%B5%9C-%E5%9B%BD%E5%86%85?search=200-71293
* 3 出處：https://travel.yahoo.co.jp/station/ms1130105/si1/

儘管 Google 目前占據搜尋引擎市場 84.4%，Microsoft 仍試圖展開攻勢，擴大自家僅占 8.9%的市占率。

的確，當新版的 Bing 發布後，網路上出現越來越多使用者的「試用」評論，二〇二三年三月，每天的活躍使用者數已超過一億人（Google 為十億人）。同年二月，Google 預告「將在幾週內發布 Bard」，顯然出手慢了一步。

然而，Google 身為最大規模的搜尋引擎，對於大多數使用者來說已經成為「不可或缺的東西」以及「生活的一部分」，這個事實絕對不容小覷。無論新版的 Bing 有多出色，是否能完全取代 Google 的未來，目前還無法判斷。

如果 Bard 能夠如期發布並達到理想的水準，那些長期使用 Google 搜尋的使用者可能會再次回到 Google 的懷抱。在人們還來不及完全適應和喜愛 Bing 的時候，Bard 就可能降臨。如此一來，很多使用者可能在未曾充分體驗 Bing 的情況下，繼續使用 Google。

Meta 為何未能推出競爭產品？

在Ｗｅｂ２中占據支配地位的科技巨擘中，Meta（前身為 Facebook）看來似乎完全錯過ＡＩ熱潮。

Meta 並非從未涉足ＡＩ領域。實際上，ＣＥＯ馬克・祖克柏以「Meta 將領導ＡＩ領域」為使命，在過去十年間投入數十億美元開發新的ＡＩ技術，並於二〇二二年十一月，在 ChatGPT-3.5 發布前兩週，推出了名為 Galactica 的聊天機器人。

Galactica 被設計應用於科學領域的調查工作，能生成獨特新聞稿、解決數學問題、寫程式以及對圖像進行註釋等。然而，很快就出現出「說謊」和「隨意捏造事實」等嚴重問題。

類似的困難點也存在於 ChatGPT，但 Meta 是全球使用者眾多的平台，所以收到大量客訴和指責。面對透過社交媒體散播假資訊和仇恨言論的批評，Galactica 在短短三天內就被迫停止服務。

之後，ChatGPT-3.5 緊接著發布。眾所周知，儘管也存在各種問題，但也漸漸以一種新的人工智慧工具被大眾接受和使用。相比之下，曾經試圖成為ＡＩ領導者的 Meta，似乎完全迷失當初的使命。

社會影響力越大，一旦發生錯誤，受到的打擊也就越大。

無論是對技術改進的持續努力，還是改善 ChatGPT 不完善的部分，OpenAI 正在加強其市場地位，而 Meta 則無法擺脫「傳播謊言的ＡＩ」惡名。

二〇二二年八月，在剛才提到的 Galactica 之前，Meta 也推出過聊天機器人「Blender Bot」。該機器人經過嚴格設計，避免生成攻擊性內容，但這反而導致收到「無聊」的批評，最終還是未能普及。

正因為用戶眾多，匯聚更多期望和批評，反而成為創新產品的阻力。這或許是 Meta 身為大企業所面臨的問題，也可以說是一種「大企業病」。

然而，儘管在生成式ＡＩ遭遇挫折，ＡＩ仍然在 Meta 的服務中占據重要位置，技術實力也相當雄厚。

目前為止，Meta 一直在「元宇宙」中尋找未來的出路，並宣布將在生成式AI領域投入更多精力。我會密切注意，未來Meta是否能透過與元宇宙的某種結合，在AI領域東山再起。

POINT

- 在全球的科技公司之間，因生成式AI加速的AI浪潮中，能夠趁勢而上的公司和落後的公司，已經逐漸產生差異。
- 儘管「撒謊」、「捏造事實」等問題仍然存在，但「ChatGPT」已經在社會上廣泛傳播，反觀Meta的「Galactica」則因遭受猛烈批評而被迫中止。
- 在科技領域，擁有大量用戶和強大社會影響力的大企業，在服務出現瑕疵時，容易成為批評的焦點。因此，能夠承擔風險的新興企業，反而可能更容易拿下市場。

AI DRIVEN

「未來的 AI」能讓世界更公平嗎？

LLM（大型語言模型）的現狀

ChatGPT 登場之前，AI 主要被用於「搜尋」和「廣告」領域。

搜尋和廣告，簡單來說就像是在「未來預測」。根據使用者搜尋的關鍵字和過去瀏覽的內容，預測使用者未來的行為（意志和意圖），展示個人化資訊和廣告，引導使用者朝特定方向行動。主要由 AI 透過預測個人的下一步，來為大型科技企業創造收益。

這種狀況明確屬於中央集權結構。

資金雄厚的一方透過 AI 預測，不斷增強自身實力，而被預測的一方則逐漸失去主動權，讓中央集權的架構更加穩固。

打破這個局面的就是ChatGPT。它將之前只為大型科技企業服務的ＡＩ模型，開放給一般人使用，從而形成增強個人自由度的趨勢，這是一個劃時代的做法。

然而，ChatGPT的基礎是大型語言模型（ＬＬＭ），需要龐大的計算資源和極高的能源成本。換句話說，這需要龐大資金。此外，用於ＡＩ學習的大數據，主要由Google、Microsoft等大型科技企業把持。

事實上，開發ChatGPT的OpenAI，光是從Microsoft那裡就獲得數十億美元的資金支持。儘管ChatGPT是所有人都可以自由使用的工具，但其模型本身，有很大程度仍然依附在中央集權的結構之下。

此外，**在中央集權下構建的模型，往往容易受到控制該結構的核心人員倫理觀念影響，這也是一個問題。要真正提升個人自由度，需要構建分散式的模型。**此外，我認為提高學習內容的透明度，讓任何人都能查看如何調校，這一點非常重要。

理解事物「架構」的AI——神經符號AI創造的未來

除了LLM，**我們還期待另一個模型發展，那就是之前提到的神經符號不確定性運算**。隨著LLM的發展，不確定性運算也將被廣泛應用。

專家們分成「有LLM就夠了」與「有不確定性運算就夠了」兩派，但我認為兩者的專長領域不同，只要分別應用在適合的領域即可。

那麼，LLM和不確定性運算有何不同呢？

簡單來說，LLM以學習大量數據為基礎，以「模式識別」解析事物，而不確定性運算則是理解事物的「結構」後再進行解析。

譬如說讓AI計算「1＋1」。「1＋1＝2」這一結果可能是因為看過很多次「1＋1＝2」的數據，也可能是因為理解「加法」這個結構得出的結果。前者是LLM，後者是不確定性運算。

由於學習機制不同，ＬＬＭ和不確定性運算的成本也完全不同。

ＬＬＭ需要學習大量數據才能得出一個答案。

如同前文所述，要學習大量「１＋１＝２」的數據才能識別模式，並得出正確答案。同理，「１＋２＝３」、「１＋３＝４」、「１＋４＝５」等所有問題都需要學習大量數據，因此成本龐大。

這就像完全不理解數學原理，只是死記硬背問題集的答案一樣。或者像不理解人類社會規則的人，只能靠不斷觀察周圍拚命思考該怎麼行動，這種模式的效率並不高。

另一方面，不確定性運算是透過學習「加法」的結構，因此只要理解這一點，就能計算「１＋１＝２」、「１＋２＝３」、「１＋３＝４」和「１＋４＝５」。

如果把ＬＬＭ比喻為感性的右腦，那麼理解結構的不確定性運算就是邏輯性的左腦。

不確定性運算不需要記住所有的答案，只需要學習其機制，因此不需要大量數據和算力。因此，可以想像它非常高效且節能，成本也比

ＬＬＭ低。

而且，不需要龐大的數據和低成本，代表不需要依賴擁有數據和資金的大型科技公司。

不過，ＬＬＭ也可能在未來進化，說不定能用更少的數據做到目前的水準。

科技本身並沒有判斷善惡的能力和獨立意志。

解析能力顯著提升的ＡＩ，可以強化既有的監控社會之力，也可以強化想要打破既有監控社會的民眾之力。可以是中央（上位者）監視邊緣（下位者）動向的工具，也可以成為邊緣（下位者）解析中央（上位者）透明性的工具。

此外，隨著越來越多人能夠使用ＡＩ，必然會有一些人試圖濫用ＡＩ。

技術對社會的影響，取決於各階層的人如何利用它，既可能帶來正面影響，也可能帶來負面影響。在ＡＩ迅速進化的現在，我們不僅需要思考如何讓ＡＩ有助於人類的工作和生活，同時也需要考慮這些風險。

另一方面，從國家安全的角度來看，有人認為日本國內應該也要開發類似 ChatGPT 的 AI。

AI 在不久的將來是否會成為法律規範的對象？

一般使用者普遍歡迎生成式 AI，但也有一部分的人表示警戒。的確，生成式 AI 具有被利用於犯罪的風險，譬如說在美國就已經發生過，利用 AI 生成語音進行詐騙的案例。

此外，根據不同的提示詞，生成式 AI 可能會繞過企業的內容政策，生成帶有暴力、性暗示或歧視性的內容。也就是說，生成式 AI 具有「欺騙」的潛力。發展 AI 安全業務的 Adversa 曾經做過實驗「使用 ChatGPT 欺騙 DALL·E，成功生成了帶有性暗示圖片」。

如果強大的 AI 技術可能對社會造成損害，國家勢必需要規範。然而，過度的規範可能會阻礙技術發展，使國家在國際競爭中失去優勢。

生成式ＡＩ在社會上迅速普及，使得我們必須在盡量避免ＡＩ造成損害的同時，推動技術發展，這是一個兩難的局面。

歐盟已於二〇二一年提出針對社會重要領域（如公共基礎設施）的ＡＩ規範法案。這所以是所謂的「ＡＩ規範法」。預計將在二〇二三年內通過，但商界強烈反對，認為「法案的適用範圍過廣，可能阻礙未來ＡＩ技術發展，需要研議更聰明的法規」。

同時，一些美國議員也在呼籲制定ＡＩ規範法條的必要性。然而，一些議員擔心，在討論法規之前，許多議員對生成式ＡＩ根本不夠了解，近期可能會在美國議會上針對ＡＩ掀起論戰。

另一方面，關於如何處理由ＡＩ生成的作品所有權問題，已經在美國引發討論。二〇二三年二月，美國專利商標局（ＵＳＰＴＯ）向多家法律事務所徵求意見，針對ＡＩ部分生成的作品或完整發明應該如何看待，並表示可能會根據這些意見變更。

過去，創新是由人類的想像力驅動，權利屬於「人」。然而，隨著ＡＩ在發明中的作用增大，我們必須重新評估ＡＩ對發明的貢獻，甚至可能需要修改法律和規範。隨著生成式ＡＩ越來越不容忽視，這些議題在日本也會逐漸浮出水面。

是否應該規範ＡＩ？

如果需要規範，應該從什麼地方開始，要規範到什麼程度？

或者是為了不阻礙科技發展，把ＡＩ的倫理問題交由企業自行承擔？

除此之外，ＡＩ生成的作品，所有權應該如何處理？

為了解決這些問題，承擔立法責任的政治家必須對科技有深刻理解才行，但現實中許多政治家長期以來對科技漠不關心，總是採取無所作為的態度。

對科技普遍不瞭解、無法理解的問題，日本也無法置身事外。推動廣泛的科技宣傳活動，提升政治家和官僚對科技的理解，也是我應該扮演的重要角色之一。

POINT

- 科技建構在每個時代主導的價值觀之上，根據我們的社會倫理觀，可以成正面或負面的角度調整。
- ChatGPT 背後的大型語言模型（LLM）運作需要龐大資金，目前由 Google、Microsoft 等大企業主導。
- 為了支援「個人」而非「大企業」，我們需要建構更分散的模型。具有接近人類左腦功能的神經符號 AI，可望透過「不確定性運算」實現。

CONCLUSION

結語

越來越多人感嘆「ChatGPT真厲害！」，以前曾經出現過的「將被ＡＩ取代的工作」再次引起大眾的討論。

當生成式ＡＩ超越專家和技術愛好者的門檻，真正普及到一般大眾，確實會有一些人因為ＡＩ而面臨失業。即便是單以現在的ChatGPT來看，隨著它不斷進化，我們可以預見「ＡＩ能做的事情」將會更加多樣化。

然而，正如本書所強調的，這並不代表人類社會即將崩壞。

最後，我想再次強調的是，重要的不是嚴格意義上的「人工智慧」，而是「拓展智慧」的潛力。這些具有超越人類能力的ＡＩ，不是在「淘汰人類」，而是在「拓展人類能夠做到的事情」。

在懷疑和擔憂之前，首先試著多多使用生成式ＡＩ，相信你就能理解我的真意。

失敗也是學習的一部分，就像學習外語一樣，越常練習就越能掌握訣竅。透過實踐，我們就能掌握使用什麼詞彙下達指令，ＡＩ才能生成自己需要的東西，我自己也還在嘗試的過程中。

我一直堅信，當前日本需要的不是「拆掉重建」，而是「轉型」。雖然這些主要都是在ｗｅｂ３的語境中提出的主張，但隨著生成式ＡＩ的普及，這些觀點一樣適用。

請試著想像，熟練掌握生成式ＡＩ，社會不會因此而陷入危機，而是會進入一個更加公平、工作和生活都更輕鬆的階段。

科技的真正價值取決於利用它的人類。我們可以利用這項新工具，拓展自己的潛能到什麼程度呢？請帶著這種興奮感，讓生成式ＡＩ成為我們堅強的夥伴吧！

最後，我由衷感謝所有為本書執筆過程提供幫助的人。

感謝 Digital Garage 股份有限公司共同創辦人林郁先生、Digital Architecture Lab 的宇佐美克明先生、Kim Daumi 先生，還有一直支持我的秘書田中美歌小姐。

感謝千葉工業大學理事長瀨戶熊修先生以及所有教職員工、學生們。

特別感謝在前作《WEB3 趨勢大解讀》之後繼續協助我的 SB Creative 編輯小倉碧小姐、自由作家福島結實子小姐，以及 web3 研究者 comugi 先生，在完成本書的過程中貢獻良多。

我要特別感謝多年好友倉又俊夫先生，在本書中給予許多寶貴的建議。真的非常感謝。

同樣感謝參與我的 podcast「JOI ITO 變革之路」第二季的製作人品田美帆小姐和其他所有工作人員、聽眾，還有因為這個節目誕生的 web3 社群「Henkaku」的成員們。

最後，深深感謝我的妻子瑞佳和女兒輝生。感謝妳們一直在我身邊給予支持，真的非常感謝。

伊藤穰一

二〇二三年四月吉日

※本書是以二〇二三年五月八日為止的資訊為基礎完稿的內容。

國家圖書館出版品預行編目資料

AI時代生存聖經：AI時代的我們將如何生活、如何工作？／伊藤穰一 著；涂紋凰 譯 --初版.--臺北市：平安文化, 2024.12 面；公分. --(平安叢書；第823種)(邁向成功；103)
譯自：AI DRIVEN AIで進化する人類の働き方
ISBN 978-626-7397-93-0 (平裝)

1.CST: 職場成功法 2.CST: 人工智慧 3.CST: 資訊社會

494.35　　113017216

平安叢書第0823種
邁向成功叢書 103

AI時代生存聖經

AI時代的我們將如何生活、如何工作？

AI DRIVEN AIで進化する人類の働き方

作　　者—伊藤穰一
譯　　者—涂紋凰
發 行 人—平　雲
出版發行—平安文化有限公司
台北市敦化北路120巷50號
電話◎02-27168888
郵撥帳號◎18420815號
皇冠出版社(香港)有限公司
香港銅鑼灣道180號百樂商業中心
19字樓1903室
電話◎2529-1778　傳真◎2527-0904
總 編 輯—許婷婷
執行主編—平　靜
責任編輯—蔡維鋼
行銷企劃—鄭雅方
美術設計—Dinner Illustration、李偉涵
著作完成日期—2023年
初版一刷日期—2024年12月

法律顧問—王惠光律師

讀者服務傳真專線◎02-27150507
電腦編號◎368103
ISBN◎978-626-7397-93-0
Printed in Taiwan
本書定價◎新台幣380元/港幣127元